CAD/CAM 软件精品教程系列

SolidWorks 2014

实用教程

曹立文　陈　红　刘　琳　编著

电子工业出版社

Publishing House of Electronics Industry

北京·BEIJING

内 容 简 介

本书介绍了 SolidWorks 2014 中文版在机械设计中的基础操作知识和基本操作过程，全书共分 10 章，包括 SolidWorks 2014 概述、草图绘制实体、草图绘制工具、实体特征建模、零件特征辅助建模、曲线曲面特征建模、装配体、工程图、几种典型机械零件设计、装配体和工程图设计。

本书结合了机械设计中一些典型工程实例，按知识层次组织各章节内容，注重实例驱动、学以致用的设计理念和思想。本书适于 SolidWorks 2014 的初、中级用户自学，可以有效提高实践操作水平。

本书可以作为高等院校、职业院校相关专业的教材，也可以作为广大机械工程技术人员的参考用书。

图书在版编目（CIP）数据

SolidWorks 2014 实用教程 / 曹立文，陈红，刘琳编著. —北京：电子工业出版社，2015.8
（CAD/CAM 软件精品教程系列）

ISBN 978-7-121-26768-0

I. ①S… II. ①曹… ②陈… ③刘… III. ①计算机辅助设计—应用软件—教材
IV. ①TP391.72

中国版本图书馆 CIP 数据核字（2015）第 169652 号

策划编辑：张　凌
责任编辑：靳　平
印　　刷：北京盛通商印快线网络科技有限公司
装　　订：北京盛通商印快线网络科技有限公司
出版发行：电子工业出版社
　　　　　北京市海淀区万寿路 173 信箱　邮编　100036
开　　本：787×1 092　1/16　印张：20.5 字数：562.4 千字
版　　次：2015 年 8 月第 1 版
印　　次：2023 年 8 月第 9 次印刷
定　　价：39.90 元

凡所购买电子工业出版社图书有缺损问题，请向购买书店调换。若书店售缺，请与本社发行部联系，联系及邮购电话：（010）88254888，88258888。

质量投诉请发邮件至 zlts@phei.com.cn，盗版侵权举报请发邮件至 dbqq@phei.com.cn。

本书咨询联系方式：（010）88254583，zling@phei.com.cn。

前 言

Preface

基本内容

SolidWorks 2014 是 SolidWorks 公司开发的三维 CAD 产品，SolidWorks 2014 是世界上第一个基于 Microsoft Windows 开发的三维 CAD 系统，技术创新符合 CAD 技术的发展潮流和趋势，在国际上得到了广泛的应用，不仅拥有众多的用户群，而且还拥有中端 CAD 领域最多的第三方软件供应商。SolidWorks 2014 有功能强大、易学易用和技术创新三大特点，这使得 SolidWorks 2014 成为领先的、主流的三维 CAD 解决方案。SolidWorks 能够提供不同的设计方案、减少设计过程中的错误、提高产品质量，对于每个工程师和设计者来说，它的操作简单方便。

SolidWorks 是一种机械设计自动化应用程序，工程人员使用它能快速地按照其设计思想绘制草图，并可尝试运用各种特征与不同尺寸以生成模型和制作详细的工程图。

本书是一本针对机械设计实用性很强的计算机辅助设计教程，全书共分 10 章，介绍了 SolidWorks 2014 最新版本（SolidWorks 2014 简体中文版）在机械设计中的基础操作知识和基本操作过程。本书采用了实例引导，并按知识层次，由浅入深地介绍了零件设计、零件装配和工程图等方面的基本知识、使用方法和操作技巧。本书注重通过对每一个应用实例的学习来掌握操作过程和步骤，用户将学会完成每项设计任务时应该采取的设计方法，以及所需要的命令、选项和菜单，操作过程配有详细的图片说明，内容翔实、实践性强。本书可以有效地帮助用户在有效时间内熟练掌握 SolidWorks 2014 的各种设计方法和设计思路，进一步提高实际应用水平。

读者对象

- SolidWorks 2014 的初级用户。
- 初步具有一定 SolidWorks 基础知识的中级用户。
- 机械专业的在校大中专学生。
- 从事产品设计的机械工程师及从事三维建模的专业人员。

本书可以作为理工科高等院校相关专业的教材，也可以作为广大机械工程技术人员的参考用书。为了方便用户学习，本书提供了配套电子资料包，内容包括所有实例和练习的源文件、综合实例视频、多媒体课件，以及用到的素材。电子资料包内容还可以从零点工作室网站下载，源文件可以在 SolidWorks 2014 环境中运行或修改。

联系我们

本书由曹立文、陈红和刘琳编写，参与编写的人员还有刘国华、张海兵、毕永利、瞿晓东、包小东、盛遵冰等。其中，第 2~5 章由曹立文编写，第 6~8 章由陈红编写，第 1 章、第 9 章和第 10 章由刘琳编写。本书在编写过程中，得到了宋一兵、管殿柱、王献红、李文秋、张忠林、赵景波等同志的帮助，同时还借鉴了一些厂家的工程图样，在此一并表示感谢。

由于编者水平有限，加之时间仓促，难免有疏漏和不当之处，诚请读者批评指正。

感谢您选择了本书，希望我们的努力对您的工作和学习有所帮助，也希望您把对本书的意见和建议告诉我们。

零点工作室网站地址：www.zerobook.net
零点工作室联系信箱：syb33@163.com

零点工作室
2015 年 5 月

目 录
Contents

第 1 章　SolidWorks 2014 概述

本章主要介绍 SolidWorks 2014 的特点、新建和保存文件、用户界面及工作环境设置。通过 SolidWorks 2014 工作环境设置，用户能够方便快速完成绘制草图、建立模型和相关设计工作。

1.1　SolidWorks 2014 的特点

SolidWorks 2014 是一种机械设计自动化应用程序，设计师使用它能快速地按照其设计思想绘制草图，尝试运用各种特征与不同尺寸，以及生成模型和制作详细的工程图。

SolidWorks 2014 是 SolidWorks 公司开发的三维 CAD 产品，SolidWorks 2014 是世界上第一个基于 Microsoft Windows 开发的三维 CAD 系统，技术创新符合 CAD 技术的发展潮流和趋势，在国际上得到了广泛的应用，不仅拥有众多的用户群，而且还拥有中端 CAD 领域最多的第三方软件供应商。SolidWorks 2014 有功能强大、易学易用和技术创新三大特点，这使得 SolidWorks 2014 成为领先的、主流的三维 CAD 解决方案。SolidWorks 2014 能够提供不同的设计方案、减少设计过程中的错误及提高产品质量，对每个工程师和设计者来说操作简单方便。

SolidWorks 2014 具有以下主要特点。

（1）SolidWorks 2014 应用程序包括多种用户界面工具和功能，帮助高效率地生成和编辑模型。

（2）SolidWorks 2014 文档窗口有两个窗格。

- 左窗格或管理器窗格。FeatureManager 设计树：显示零件、装配体或工程图的结构。从 FeatureManager 设计树中选择一个项目，以便编辑基础草图、编辑特征、压缩和解除压缩特征或零部件。PropertyManager：为草图、圆角特征、装配体配合等诸多功能提供设置。ConfigurationManager：在文档中生成、选择和查看零件和装配体的多种配置。配置是单个文档内的零件或装配体的变体。例如，可以使用螺栓的配置指定不同的长度和直径。
- 右侧窗格为图形区域，此窗格用于生成和处理零件、装配体或工程图。

（3）SolidWorks 2014 应用程序允许使用不同方法执行任务。当执行某项任务时，SolidWorks 2014 应用程序还会提供反馈。反馈的示例包括指针、推理线、预览等。

（4）CommandManager 是一个上下文相关工具栏，它可以根据处于激活状态的文件类型进行动态更新。当单击位于 CommandManager 下面的选项卡时，它将更新以显示相关工具。对于每种文件类型，如零件、装配体或工程图，均为其任务定义了不同的选项卡。与工具栏类似，选项卡的内容是可以自定义的。

（5）通过可自定义的快捷栏，可以为零件、装配体、工程图和草图模式创建自己的几组命令。要访问快捷栏，可以按用户定义的键盘快捷键，默认情况下是 S 键。

（6）当在图形区域中或在 FeatureManager 设计树中选择项目时，关联工具栏出现。通过它们可以访问在这种情况下经常执行的操作。关联工具栏可用于零件、装配体及草图。

（7）在生成大多数特征时，图形区域会显示特征的预览。对于基体或凸台拉伸、切除拉伸、扫描、放样、阵列、曲面等特征，将会显示相关预览。

（8）SolidWorks 2014 应用程序最强大的功能之一就是对零件所做的任何更改都会反映到所有相关的工程图或装配体中。

（9）具有多种分析功能。

（10）可添加特征、编辑特征及将特征重新排序而进一步完善设计。

（11）随时可在设计过程中生成工程图或装配体。随时可以设置选项和文件属性。

1.2 SolidWorks 2014 启动和新建文件

安装完成 SolidWorks 2014 软件后，就可以启动和新建文件。

1.2.1 SolidWorks 2014 启动

SolidWorks 2014 常用的启动方法是双击桌面上的 SolidWorks 2014 快捷图标，还可以单击【开始】/【程序】/【SolidWorks 2014】中的【　SolidWorks 2014】来启动，开始启动的SolidWorks 2014 用户界面，如图 1-1 所示。

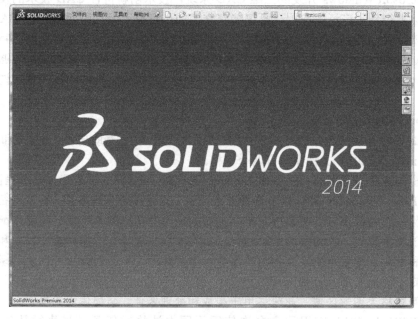

图 1-1　开始启动的 SolidWorks 2014 用户界面

1.2.2 新建和保存 SolidWorks 2014 文件

双击桌面上的 SolidWorks 2014 快捷图标，当 SolidWorks 2014 启动后，就可以新建和保存 SolidWorks 文件。

单击 SolidWorks 标准工具栏上的【新建】按钮，或单击菜单中【文件】/【新建】选项，新建 SolidWorks 文件操控板，如图 1-2 所示。单击【零件】或【装配体】或【工程图】/【确定】按钮，就新建了一种对应文件类型的 SolidWorks 文件。

图1-2　新建 SolidWorks 文件操控板

【例1-1】　建立和保存 SolidWorks 零件类型的文件操作

[1]　单击 SolidWorks 标准工具栏上的【新建】按钮□，出现新建 SolidWorks 文件操控板，如图1-3 所示。

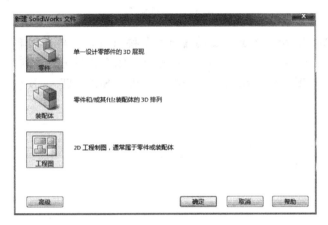

图1-3　新建 SolidWorks 文件操控板

[2]　单击【零件】/【确定】按钮，出现零件 SolidWorks 用户界面操控板如图1-4 所示。

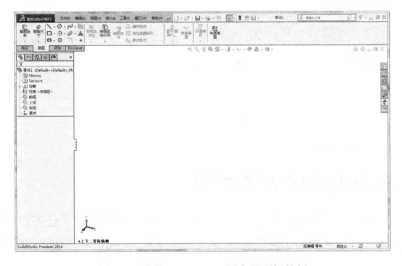

图1-4　零件 SolidWorks 用户界面操控板

[3] 新建零件模型，如图 1-5 所示。

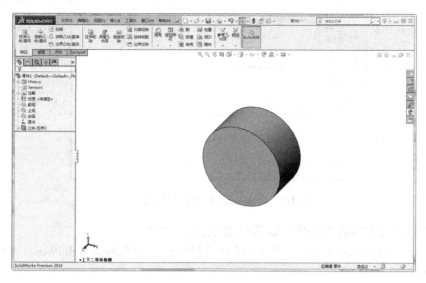

图 1-5　零件模型

[4] 单击 SolidWorks 标准工具栏上的【保存】按钮💾，或单击菜单中【文件】/【保存】
选项，出现另存为操控板，选择保存路径，保存类型选为"零件（*.prt;*.sldprt）"，
文件名输入"图 1-5"，默认的零件扩展名为".SLDPRT"，另存为操控板，如图 1-6
所示。

图 1-6　另存为操控板

[5] 单击【保存】按钮。

1.3 SolidWorks 2014 用户界面

SolidWorks 2014 用户界面主要包括菜单栏、工具栏、绘图区域、任务窗格、状态栏、
FeatureManager 设计树、PropertyManager、ConfigurationManager 和 CommandManager 等，
如图 1-7 所示。

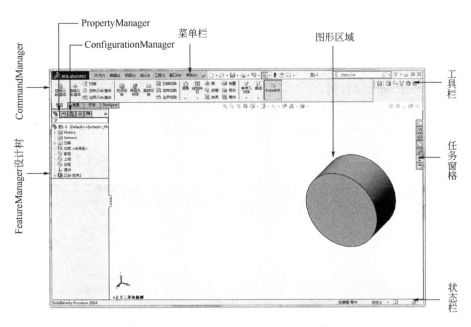

图 1-7　SolidWorks 2014 用户界面

1.3.1　菜单栏

菜单栏包含标准工具栏、SolidWorks 菜单栏、SolidWorks 搜索中的一组最常用的工具按钮及一个帮助选项弹出菜单，SolidWorks 菜单栏如图 1-8 所示。

图 1-8　SolidWorks 菜单栏

SolidWorks 菜单栏包括文件、编辑、视图、插入、工具、窗口和帮助等常用菜单。可用的菜单和菜单项取决于活动的文档类型和环境。菜单几乎包括所有 SolidWorks 命令，菜单和菜单项可根据活动的文档类型和工作流程自定义而使用。

标准工具栏中包含一组最常用的工具按钮，通过单击工具按钮旁边的下移方向键，可以扩展以显示带有附加功能的弹出菜单，可以访问工具栏中的大多数文件菜单命令。

表 1-1 列出了常用菜单的主要功能。

表 1-1　常用菜单的主要功能

菜单名称	主要功能
文件	文件操作、页面设置与打印、最近打开过的文件列表
编辑	撤销、复制、剪切、粘贴、删除、重新建模、压缩、外观、属性编辑
视图	工作区重画、视图显示控制、场景光线设置与控制、工具栏显示控制
插入	插入对象、添加特征
工具	环境设定、草图绘制、测量、检测、分析
窗口	文件窗口的排列方式、视口的设定
帮助	SolidWorks 帮助主题、指导教程、软件介绍

1．快捷菜单

快捷菜单提供可访问工具和命令的便利。若想看到菜单，将指针移动至以下项时右击。

- 模型几何体。
- **FeatureManager** 设计树。
- 窗口边界。

指针移动到模型几何体上，如图 1-9 所示，右击弹出快捷菜单，如图 1-10 所示。

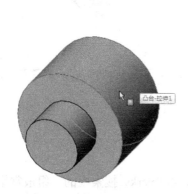

图 1-9　当指针移动到模型几何体上　　　　　　图 1-10　快捷菜单

快捷菜单默认出现在短版本中，单击 ⯆ 可显示带有所有可能项目的长版本。

将鼠标指针位于图形区域的空白位置时右击，弹出快捷菜单，如图 1-11 所示。单击 ⯆ 可显示带有所有可能项目的长版本快捷菜单，如图 1-12 所示。

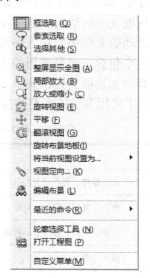

图 1-11　短版本的快捷菜单　　　　　　图 1-12　长版本的快捷菜单

快捷菜单提供了一种高效工作方式，无须将指针不断移到主菜单或工具栏上，用户可以利用快捷菜单快速找到操作命令，使设计工作效率提高。

2．自定义菜单

自定义主菜单和快捷菜单。

在菜单中隐藏或显示某项操作如下。

[1] 单击主菜单中的【自定义菜单】。通过右键可显示快捷键菜单，单击 ⌄，然后选择 【自定义菜单】。

[2] 选择或消除选择复选框以显示或隐藏菜单项。

[3] 在菜单外单击或按 Enter 键。对于快捷菜单，所选项在短版本中出现。所有项（所 选或消除）均在长版本中出现。

自定义菜单操作如下。

[1] 在 SolidWorks 文档中，单击【工具】/【自定义】，或右击窗口边框并选择【自定义】。

[2] 在菜单标签上选择一菜单、命令及选项。自定义菜单操控板，如图 1-13 所示。

[3] 单击【重新命名】、【移除】或【全部重设】按钮，然后单击【确定】按钮。

图 1-13　自定义菜单操控板

1.3.2　工具栏

SolidWorks 2014 提供了丰富的工具栏，工具栏按照菜单类别将工具按钮集中在一起。工 具栏按钮是菜单命令的快捷方式，使用工具栏和工具栏按钮可以方便地进行各种操作，使设 计工作效率提高。

1．自定义工具栏

可根据文件类型（零件、装配体或工程图）来放置工具栏并设定其显示状态，还可设定 哪些工具栏在没有文件打开时可显示。

指定零件、装配体或工程图文档显示哪些工具栏操作如下。

[1] 打开零件、工程图或装配体文件。

[2] 单击【工具】/【自定义】，或右击窗口边框并选择【自定义】。

[3] 在【工具栏】标签上，选择想显示的工具栏并清除想隐藏的工具栏。自定义工具栏操控板如图 1-14 所示。选择应用到当前激活的 SolidWorks 文件类型中。

图 1-14　自定义工具栏操控板

[4] 要使 CommandManager 工具包括带有文本的大按钮，请选择使用带有文本的大按钮。

[5] 单击【确定】。

2．自定义工具按钮

可从"自定义"对话框添加工具按钮到一个或多个活动工具栏中，包括 CommandManager、菜单栏工具栏及个人的快捷栏。

可以使用拖放：从工具栏移除工具按钮，重排工具栏上的工具按钮，将工具按钮从一个工具栏移到另一个工具栏。

如果自定义对话框没打开，在拖放时须按住 Alt 键。如果自定义对话框已打开，则无须按住 Alt 键。

要将工具按钮添加到工具栏的操作如下。

[1] 保持文档打开，单击【工具】/【自定义】，或右击窗口边框，然后选择【自定义】。

[2] 在命令标签上选取一类别。可从任何类别给任何工具栏指派按钮。

[3] 在按钮下将工具按钮拖动到任何工具栏。

要从工具栏移除工具按钮的操作如下。

[1] 执行：Alt+拖动工具按钮到图形区域。或打开自定义对话框，然后将工具按钮拖动到图形区域中。

[2] 当指针更改到显示红色删除指示符时，丢放按钮，以将其从工具栏移除。

要在工具栏上重新安排工具按钮或将其从一个工具栏移动到另一工具栏的操作如下。

[1] 执行：Alt+拖动工具按钮，并将其丢放在新的工具栏位置。或打开"自定义"对话框，然后拖动一工具按钮并将其丢放在新的工具栏位置。

[2] 在位于工具按钮的有效位置时，有一黑色插入指示符出现。

1.3.3　FeatureManager 设计树

SolidWorks 窗口左边的 FeatureManager 设计树提供激活零件、装配体或工程图的大纲视图。这使观阅模型或装配体如何建造，以及检查工程图中的各个图纸和视图更容易。

SolidWorks 窗口左边的 FeatureManager 设计树（特征管理器）包括场景要素、特征树、退回控制棒和注解等组成部分，如图 1-15 所示。

FeatureManager 设计树和图形区域为动态链接。可在任一窗格中选择特征、草图、工程视图和构造几何体。

FeatureManager 设计树能让以下操作更为方便。

图 1-15　FeatureManager 设计树

- 按名称选择模型中的项目。
- 过滤 FeatureManager 设计树。
- 确认和更改特征的生成顺序。可以在 FeatureManager 设计树中拖动项目来重新调整特征的生成顺序。这将更改重建模型时特征重建的顺序。
- 通过双击特征的名称以显示特征的尺寸。
- 如要更改项目的名称，请在名称上缓慢单击两次以选择该名称，然后输入新的名称。
- 对零件特征与装配体零部件进行压缩和解除压缩。
- 用右击特征，然后选择父子关系以查看父子关系。
- 显示项目：特征说明、零部件说明、零部件配置名称、零部件配置说明、找出与模型或特征关联，并在工具提示及"什么错？"中说明的错误和警告。
- 定位与模型或特征关联，并在工具提示和"什么错？"中描述的错误❌和警告⚠。

1.3.4　PropertyManager

PropertyManager（属性管理器）出现在图形区域左侧窗格中的 PropertyManager 标签上，在选择 PropertyManager 中所定义的实体或命令时打开，包括标题栏、按钮、信息、组框和选择框等。拉伸建模时 PropertyManager 属性管理器如图 1-16 所示。当用户使用建模命令时，控制区自动切换到对应的命令属性管理。

1. 标题栏

PropertyManager 标题栏包括特征图标（如）和特征名称（如凸台-拉伸 2）。

2. 按钮

PropertyManager 常用按钮如表 1-2 所示。

图 1-16　拉伸建模时 PropertyManager 属性管理器

表1-2　PropertyManager 常用按钮

按钮名称	按钮	主要功能
确定	✓	接受选择、执行命令、关闭 PropertyManager
取消	✗	忽略任何选择并关闭 PropertyManager
预览	👓	显示特征的预览
帮助	?	打开相应的帮助主题
保持可见	📌	将 PropertyManager 钉住为打开
上一页	←	返回到上一步
下一页	→	转到下一步
撤销	↺	撤销先前操作

3．信息

一文字框指引到下一步，常常列举实施下一步的各种方法。

4．组框

一组相关按钮、列表框及选择框，带有组标题（如方向1），并可以扩展 ⊗ 或折叠 ⊗。

5．选择框

在图形区域或 FeatureManager 设计树中接受选择。当处于活动时，框为粉红色。当在选择框中选择一项目时，所选项在图形区域中高亮显示。若想从框中删除选择，右击并选择删除（针对一项）或选择清除选择（针对所有项）。

1.3.5　ConfigurationManager

ConfigurationManager（配置管理器）提供了在文件中生成、选择和查看零件及装配体的多种配置的方法。选择管理器窗格顶部的 ConfigurationManager 选项卡 📇，每个配置均被单独列出。

打开合叶模型，如图 1-17 所示。选择管理器窗格顶部的 ConfigurationManager 选项卡 📇，合叶（内部切除）模型配置如图 1-18 所示。

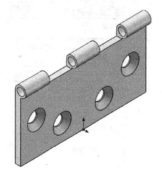

图 1-17　合叶模型　　　　　　　　　　　图 1-18　合叶（内部切除）模型配置

光标移动到"外部切除[合叶]"，如图 1-19 所示。右击"外部切除[合叶]"，弹出快捷菜单，如图 1-20 所示。单击【显示配置】，合叶（外部切除）模型配置，如图 1-21 所示，生成外部切除[合叶]模型，如图 1-22 所示。

图1-19 光标移动到"外部切除[合叶]"

图1-20 弹出快捷菜单

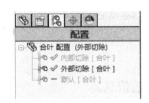

图1-21 合叶（外部切除）模型配置

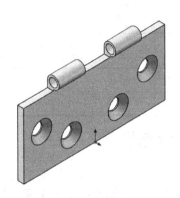

图1-22 合叶（外部切除）模型

1.3.6 显示窗格

在显示窗格中，可以查看零件和工程图文档的各种显示设置。在装配体和零件中，可以应用对设置的更改。显示窗格如图1-23所示。

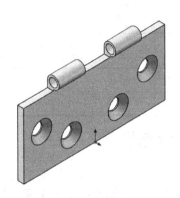

图1-23 显示窗格

欲展开或折叠显示窗格。单击FeatureManager窗格（位于标签右边）顶部的 » 可展开显示窗格，显示窗格出现在FeatureManager窗格的右边。单击 « 可折叠显示窗格。

在零件文档中，可以查看的显示设置如下。

- 隐藏/显示。对于实体表示实体隐藏/可见，也可隐藏或显示草图或基准面。
- 外观。对于零件、实体和特征。显示颜色，如果未应用外观则显示空白。
- 透明度。对于零件、实体和特征。表示透明度已在外观 PropertyManager 中应用，如果未应用透明度则显示空白。

对于工程图视图和实体，可以查看的显示设置如下。

- 隐藏/显示。仅限工程视图。表示视图可见/隐藏。
- 显示模式。线架图、隐藏线可见、消除隐藏线、带边线上色、上色。

在显示窗格中，可以对装配体中的每个零部件应用以下显示设置：隐藏/显示、显示模式、外观、透明度。

1.3.7 任务窗格

任务窗格提供了访问 Solidworks 资源、可重用设计元素库、可拖到工程图图纸上的视图，以及其他有用项目和信息的方法。

打开 SolidWorks 2014 时，将会出现任务窗格。任务窗格包含以下标签，如表1-3所示。

表 1-3　任务窗格标签

标签名称	标签	主要功能
SolidWorks Forum		直接从任务窗格中浏览 SolidWorks 探讨论坛
SolidWorks 资源		包括开始、社区、在线资源及日积月累的命令组
设计库		提供了可重用的单元（可重用的零件、装配体和其他实体，包括库特征）
文件探索器		从本地计算机复制 Windows 资源管理器并显示最近文档
搜索		搜索操作的结果
视图调色板		可用于插入工程视图，可以将视图拖到工程图纸来生成工程视图
文档恢复		如果自动恢复已在【工具】/【选项】/【系统选项】/【备份/恢复】中启用，若系统意外终止，恢复的文件将在下次开启应用程序时出现在该标签上
外观、布景和贴图		可以拖动、双击和保存设置外观、布景和贴图
自定义属性		查看并将自定义及配置特定的属性输入 SolidWorks 文件中

1.3.8　状态栏

SolidWorks 窗口底部状态栏提供了正执行的有关功能的信息。

显示或隐藏状态栏操作：单击【视图】/【状态栏】。

状态栏中提供的典型信息如下。

- 在将指针移到一工具上时或单击一菜单项目时的简要说明。
- 如果对要求重建零件的草图或零件进行更改，重建模型图标 。
- 操作草图时的草图状态及指针坐标。
- 为所选实体常用的测量，如边线长度。
- 表示正在装配体中编辑零件的信息。
- 在使用协作选项时访问"重装"对话框的图标 。
- 表示已选择暂停自动重建模型的信息。
- 可以打开或关闭快速提示的图标 。
- 显示或隐藏标签文本框的图标 ，该标签用来将关键词语添加到特征和零件以有助于搜索。

1.3.9　CommandManager

CommandManager 是一个上下文相关工具栏，它可以根据您要使用的工具栏进行动态更新。在默认情况下，它根据文档类型嵌入相应的工具栏。

当单击位于 CommandManager 下面的选项卡时，它将更新以显示该工具栏。例如，如果单击"草图"选项卡，则"草图"工具栏出现。

使用 CommandManager 可以将工具栏按钮集中起来使用，从而为图形区域节省空间。

若想切换按钮的说明和大小，右击 CommandManager，然后选择或消除使用带有文本的大按钮。该选项也可从【工具】/【自定义】工具栏中使用。

1. 要访问 CommandManager

[1]　单击【工具】/【自定义】。

[2]　在工具栏标签上选择激活 CommandManager。

[3] 单击【确定】按钮。

2．要使用 CommandManager

单击 CommandManager 下面的选项卡，与所单击的选项卡关联的工具栏会显示出来。

3．欲隐藏或显示选项卡

在自定义 CommandManager 对话框打开后，右击任何 CommandManager 选项卡。选取想显示的选项卡；消除想隐藏的选项卡。

1.4 SolidWorks 2014 工作环境设置

用户可以设置 SolidWorks 2014 工作环境，可以为零件和装配体文件设置工作界面、背景及光源等，还可以根据需要添加和删除一些工作环境的设置。

1.4.1 设置选项

用户可以对选项进行设置，SolidWorks 2014 选项包括系统选项和文档属性。

系统选项。系统选项保存在注册表中，它不是文档的一部分。因此，这些更改会影响当前和将来的所有文件。

文档属性。文档属性仅应用于当前的文件，文档属性标签仅在文件打开时可用。新文件从用于创建文件的模板文件属性中获得其文件设置（如单位、图象品质等）。在设置文档模板时使用文档属性选项卡。

每个选项卡上所列举的选项以树格式显示在对话框的左侧。单击树中的一个项目时，该项目的选项会出现在对话框的右半部分。标题栏显示标签的标题及选项页的标题。

打开系统选项对话框：单击标准工具栏上的【选项】按钮▤，或单击【工具】/【选项】。选项对话框出现，系统选项标签处于激活状态，系统选项如图 1-24 所示，可以对系统选项进行设置。

图 1-24 系统选项

右击 FeatureManager 设计树区域并选择【文档属性】（FeatureManager 设计树或图形区域中不能选取任何项目时才可选择文档属性），文档属性标签处于激活状态，文档属性如图 1-25 所示，可以对文档属性进行设置。

图 1-25　文档属性

"文档属性"选项卡左侧显示的文档属性取决于打开的文档类型。某些文档属性与所有文档类型（零件、装配体和工程图）相关，而其他文档属性则不是这样。

1.4.2　视图的显示

合理进行 SolidWorks 视图显示可以提高设计效率。

1. 视图工具栏

视图工具栏包括视图定向、视图缩放、视图显示样式和隐藏/显示项目，如图 1-26 所示。当 1 次或多次切换模型视图之后，可以将模型或工程图恢复到先前的视图，可以撤销最近 10 次的视图更改。

2. 标准视图工具栏

标准视图工具栏提供了相应的工具，以便设定好的标准视之一（定向零件、装配体、草图）可以通过 1 个、2 个或 4 个视图查看模型或工程图。SolidWorks 标准视图工具栏如图 1-27 所示，标准视图工具栏包括视图的定向与控制、视图的调整和模型显示方式。

图 1-26　视图工具栏

图 1-27　标准视图工具栏

3. 前导视图工具栏

每个视图中的透明工具栏提供操纵视图所需的所有普通工具。前导视图工具栏如图 1-28

所示。

4．视图的方向

单击标准视图工具栏中视图定向✎，弹出方向对话框如图1-29所示，可以方便地选择、定制标准的视图。

图1-28　前导视图工具栏　　　　　　　　　　　图1-29　方向对话框

可旋转并缩放模型或工程图为预定视图。从标准视图（对于模型有正视于、前视、后视、等轴测等，对于工程图有全图纸）中选择或将自定义的视图增加到方向对话框中。

若想返回到上一视图，单击前视视图✎工具栏上的上一视图。可以撤销最近10次的视图变更。

5．视图的调整

在SolidWorks建模中，要经常调整视图的比例和角度以便观察模型，并进行选择和操作。可以通过整屏显示全图🔍、局部放大🔍、放大或缩小🔍、放大所选范围🔍、旋转视图🔄和平移✣等，来调整视图的放大缩小范围和方向。

6．模型显示方式

通过线架图▣、隐藏线可见▣、消除隐藏线▣、带边线上色▣、上色▣、上色模式中的阴影▣和剖面视图▣等，来控制不同视图状态下模型的显示效果。

【例1-2】 零件模型视图显示

打开零件模型，进行零件模型不同视图显示。零件模型不同视图显示效果如图1-30所示。

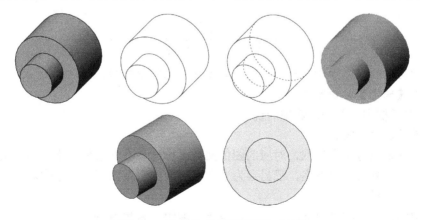

图1-30　零件模型不同视图显示效果

1.4.3　系统颜色和光源设置

在用户界面中设定颜色、背景、工程图图纸、草图状态、尺寸、注解等。

根据图像卡的功能，也可在图形区域中给模型应用光源、阴影、反射等，所选取的系统颜色与这些工具交互作用。

在模型的上色视图中，可以调整光线的方向、强度和颜色，还可以添加各种类型的光源，然后根据需要修改其特性以照射模型。

用户可以更改模型的外观以加强或减弱光源属性的效果，还可以通过设置背景和光源来调节模型的显示效果。

1．系统颜色

1）设定系统颜色操作

[1] 单击标准工具栏上的【选项】按钮，或者单击【工具】/【选项】。选项对话框出现。

[2] 选择【颜色】，设置系统颜色如图 1-31 所示。

图 1-31　设置系统颜色

[3] 从"当前的颜色方案"和"颜色方案设置"选项中选择。

[4] 单击【确定】按钮完成。

2）颜色对话框中主要功能选项的说明

（1）当前的颜色方案。

从各种背景颜色方案中选取，对应的图像文件名称出现在背景外观下的图像文件中，指定图像文件优先于列表中的方案，已另存为方案而生成的方案出现在清单中。

（2）颜色方案设置。

在清单中选择一个项目以显示其颜色，单击"编辑"来更改颜色。

（3）背景外观。

背景外观从下面选择一项。

- 使用文档布景背景。
- 素色（视区背景颜色在上）。
- 渐变（顶部/底部渐变颜色在上）。

● 图像文件。

（4）为工程图纸张颜色使用指定的颜色。

为工程图的纸张颜色、可见的模型边线、隐藏的模型边线选取颜色，并应用到工程图图纸上。

（5）为带边线上色模式使用指定的颜色。

当模型处于带边线上色 模式时将所指定的颜色应用到模型边线。为颜色方案设置下的带边线上色模式中的边线指定颜色。如果消除选择，边线颜色将与模型相同，但略深。

（6）当在装配体中编辑零件时使用指定的颜色。

将所指定的颜色应用到装配体中零件的面、特征及实体。如果消除选择，所指定的颜色将应用到 FeatureManager 设计树中的零件名称。为颜色方案设置下的装配体、编辑零件及装配体、非编辑零件及装配体、编辑零件隐藏线指定颜色。

（7）在打开时为更改过的工程图尺寸使用指定颜色。

将指定的颜色应用于自上次保存工程图以后已更改的尺寸。 保存并关闭具有已更改尺寸的工程图之后，重置突出显示的已更改尺寸。

（8）查看文件颜色。

如果零件或装配体在设定系统颜色选项时为打开，可转到文件属性选项卡上的模型显示选项，为模型设定特征颜色。

2．光源

SolidWorks 和 PhotoView360 的照明控件相互独立。在默认情况下，SolidWorks 中的点光源、聚光源和线光源打开。在默认情况下，PhotoView 中的照明关闭。

在关闭光源时，可以使用布景所提供的逼真光源，该光源能进行足够的渲染。在 PhotoView 中，通常需要使用其他照明措施来照亮模型中的封闭空间。

在模型的上色视图中，可以调整光线的方向、强度和颜色，并可以添加各种类型的光源，然后根据需要修改其特性以照射模型。

光源的属性与模型的光学属性共同作用。如果更改模型的光学属性，可加强或减弱光源属性的效果。

在 DisplayManager 中，单击【查看布景、光源和相机】按钮，然后扩展光源文件夹，列出应用于当前激活模型的光源，如图 1-32 所示。

基本光源控制操作如下。

图 1-32　列出应用于当前激活模型的光源

[1]　添加光源。用右击光源文件夹或文件夹中某光源，然后选取添加线光源、添加聚光源或添加点光源。

[2]　删除光源。右击光源，然后选择删除。

[3]　关闭或打开光源。右击光源，然后选择在 SolidWorks 中打开或在 SolidWorks 中关闭。如果插入了 PhotoView 插件，还可选取在 PhotoView 中打开或在 PhotoView 中关闭。每个光源旁边的指示器显示光源的当前状态。

[4]　修改光源属性。右击光源，然后选择编辑线光源、编辑点光源或编辑聚光源。

[5]　修改所有光源属性。右击光源文件夹或文件夹中某光源，然后选取编辑所有光源。单击【上一步】按钮和【下一步】按钮显示每个光源 PropertyManager。

[6]　在图形区域中显示所有光源。右击光源文件夹或文件夹中某光源，然后选取显示光源。

【例1-3】 凸台模型背景颜色和光源设置操作

凸台模型如图1-33所示，进行背景颜色和光源设置。

操作步骤

[1] 打开初始文件"Z1L1.prt"，凸台模型如图1-34所示。

图1-33　凸台模型　　　　　　　　　　　图1-34　凸台模型

[2] 单击标准工具栏上的【选项】按钮 ，出现"选项"对话框。

[3] 单击【颜色】，在"系统选项-颜色"选项卡中，从"颜色方案设置"选项中为视区背景编辑颜色，视区背景编辑颜色如图1-35所示。单击【另存为方案】，出现"颜色方案名称"对话框，输入名称，如图1-36所示。单击【确定】按钮，新的颜色方案名称出现在"当前的颜色方案"清单中。

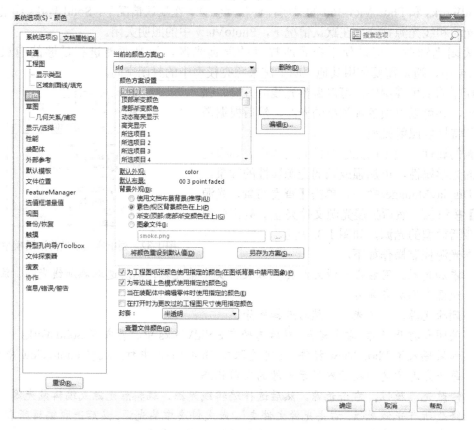

图1-35　视区背景编辑颜色

[4] 单击【确定】按钮完成。设置视区背景颜色后的凸台模型如图1-37所示。

图1-36　颜色方案名称对话框　　　　　图1-37　设置视区背景颜色后的凸台模型

[5]　开启 DisplayManager，单击【查看布景、光源和相机】，然后扩展光源文件夹，
　　　DisplayManager 光源如图 1-38 所示。

[6]　右击【环境光源】，在弹出对话框中选择【显示光源】，如图 1-39 所示。设置显示光
　　　源后的凸台模型如图 1-40 所示。

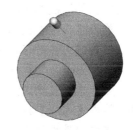

图1-38　DisplayManager 光源　　　图1-39　选择显示光源　　　　图1-40　凸台模型

[7]　右击【环境光源】，在弹出对话框中选择【编辑所有光源】，如图 1-40 所示，光源编
　　　辑颜色如图 1-42 所示。

[8]　单击【确定】按钮完成。设置光源后的凸台模型如图 1-43 所示。

图1-41　选择编辑所有光源　　　图1-42　光源编辑颜色　　　图1-43　设置光源后的凸台模型

1.4.4　文档模板设定

　　模板是包含用户定义参数的零件、工程图和装配体的文档，并且是新文档的基础。

　　模板包括网格间距、延伸线和折断线间距、尺寸等距距离和折断尺寸间隙、注释折弯线
长度、零件序号折弯线长度、箭头大小和剖面视图箭头大小、文字比例和文字显示大小、材
料密度等文件属性的设定。

新建文件时，通常是从选择文件模板开始。SolidWorks 的新建文件模板如图 1-44 所示。

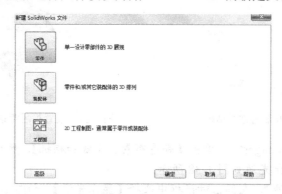

图 1-44　SolidWorks 的新建文件模板

新文件使用的模板是其格式和属性的基础。模板包括用户定义的文档属性，如测量单位或其他出详图标准。文件模板可以保存为模板的零件、工程图或装配体。

建立新文件模板的过程如下。

[1]　单击【新建】按钮□（标准工具栏），或单击【文件】/【新建】。

[2]　在新建文件对话框中，双击与要生成的模板类型相应的图标：零件、装配体、工程图，或单击与要生成的模板类型相应的图标：零件、装配体或工程图，然后单击【确定】按钮。

[3]　单击【选项】按钮，或单击【工具】/【选项】。

[4]　在文档属性标签上，选择各选项以自定义新文档模板，定义新文档单位模板属性如图 1-45 所示，然后单击【确定】按钮完成。

图 1-45　定义新文档单位模板属性

[5]　单击【文件】/【另存为】。

[6] 保存类型选择一个模板类型：零件模板（*.prtdot）、装配体模板（*.asmdot）或工程图模板（*.drwdot）。

[7] 为文件名称键入一个名称。扩展名会自动添加。

[8] 浏览文件夹，然后单击【保存】按钮。

1.5 综合实例——新建零件用户界面设计

设计要求

打开一个新建零件文件，设置 SolidWorks 选项和工具栏。掌握用户界面基本设置操作。

设计思路

[1] 建立一个新零件的文件。

[2] 设置 SolidWorks 选项。

[3] 设置 SolidWorks 工具栏。

建立一个新的零件文件

[1] 启动 SolidWorks 2014 后，单击【新建】按钮□。

[2] 在弹出的"新建 SolidWorks 文件"对话框中选择"零件"复选框，单击【确定】按钮。

选项设置

[1] 单击标准工具栏上的【选项】按钮，出现"选项"对话框。

[2] 对系统选项和文档属性进行设置，如图 1-46 所示。

图 1-46　选项设置

[3] 单击【确定】按钮，用户界面设置如图 1-47 所示。

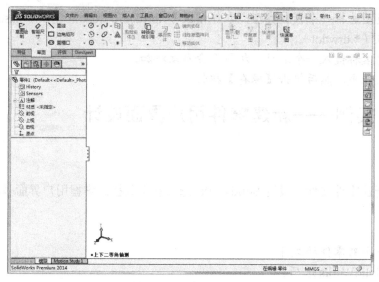

图 1-47　用户界面设置

工具栏设置

[1]　将鼠标指针移到菜单栏或工具栏上,右击弹出工具栏对话框。

[2]　复选"CommandManager"工具栏,清除使用带有文本的大按钮,复选"视图(前导)"工具栏,如图 1-48 所示。

[3]　设置工具栏后的用户工作界面,如图 1-49 所示。

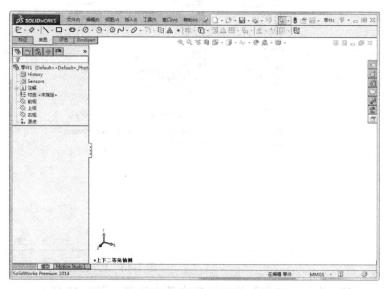

图 1-48　设置工具栏复选对话框　　　　　图 1-49　设置工具栏后的用户工作界面

1.6 本章小结

本章介绍了 SolidWorks 2014 的特点、用户界面的组成和工作环境设置。通过对 SolidWorks 2014 的初步介绍，用户可以根据自己的喜好来制定用户界面和工作环境，为以后的设计工作奠定基础。

通过熟悉 SolidWorks 2014 工作环境如何设置、视图如何进行定义与控制、菜单和工具栏如何进行自定义和选项设置，提高了设计过程的工作效率，并保证了设计质量。

1.7 思考与练习

1．思考题

（1）怎样新建和保存 SolidWorks 文件？

（2）SolidWorks 用户界面一般包括哪些项目？

（3）SolidWorks 菜单栏包括哪些常用菜单？

（4）怎样定义工具栏？

（5）如何选择和清除 CommandManager 工具栏和视图（前导）工具栏？

（6）简述 FeatureManager 设计树组成？

（7）简述 PropertyManager 组成？

（8）如何进行系统选项和文档选项设置？

2．练习题

（1）设置如图 1-50 所示的用户界面，并建立零件模板。

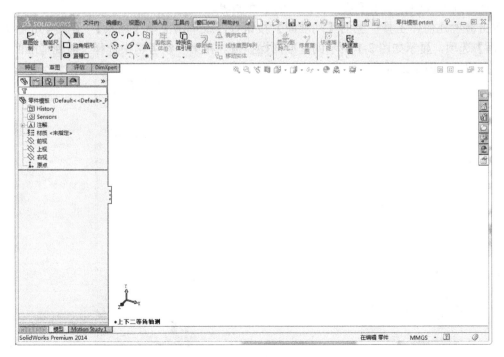

图 1-50　用户界面

（2）建立一个自己喜好的 SolidWorks 用户界面和工作环境。

第2章 草图绘制实体

本章主要介绍 SolidWorks 2014 草图绘制实体操作命令。绘制草图用于定义特征截面的形状、尺寸和位置。当打开一个新零件文件时，首先生成草图，草图是 3D 模型的基础。可在任何默认基准面（前视基准面、上视基准面、右视基准面）或生成的基准面上生成草图。SolidWorks 零件建模一般是从绘制 2D 草图开始的。SolidWorks 草图实体是在某个参考几何体环境下创建和编辑的，合理利用参考几何体可以提高草图绘制效率。

2.1 参考几何体

参考几何体包括基准面、基准轴、坐标系和点。SolidWorks 2014 中的草图实体和零件模型都是在某个参考几何体环境下创建和编辑的。

2.1.1 基准面

SolidWorks 2014 可以在零件或装配体文档中生成基准面。可以使用基准面来绘制草图，生成模型的剖面视图，以用于拔模特征中的中性面等。

单击参考几何体工具栏上的【基准面】按钮◇，或单击菜单【插入】/【参考几何体】/【基准面】选项，显示如图 2-1 所示的基准面操控板。在第一参考▣中选择"前视基准面"的基准面操控板如图 2-2 所示。

图 2-1 基准面操控板

图 2-2 第一参考选择"前视基准面"的基准面操控板

基准面操控板中功能选项的说明如下。

- 信息：按照信息的说明来生成基准面并查看基准面状态。信息框颜色、基准面颜色和PropertyManager 信息可帮助完成选择。基准面状态必须是完全定义，才能生成基准面。
- 第一参考：选择第一参考来定义基准面。
- 第一参考▣：选择第一参考来定义基准面，根据选择，系统会显示其他约束类型。
- 重合人：生成一个穿过选定参考的基准面。
- 平行◎：生成一个与选定基准面平行的基准面。例如，为一个参考选择一个面，为另一个参考选择一个点。软件会生成一个与这个面平行并与这个点重合的基准面。
- 垂直⊥：生成一个与选定参考垂直的基准面。例如，为一个参考选择一条边线或曲线，为另一个参考选择一个点或顶点。软件会生成一个与穿过这个点的曲线垂直的基准面。将原点设在曲线上会将基准面的原点放在曲线上。如果清除此选项，原点就会位于顶点或点上。
- 两面夹角◎：生成一个基准面，它通过一条边线、轴线或草图线，并与一个圆柱面或基准面成一定角度。可以指定要生成的基准面数▣。
- 偏移距离▣：生成一个与某个基准面或面平行，并偏移指定距离的基准面。
- 反转□：翻转基准面的正交向量。可以指定要生成的基准面数▣。
- 两侧对称≡：在平面、参考基准面及 3D 草图基准面之间生成一个两侧对称的基准面。对两个参考都选择两侧对称。
- 第二参考和第三参考：这两个部分包含与第一参考中相同的选项，具体情况取决于选择和模型几何体。根据需要设置这两个参考来生成所需的基准面。

可以为基准面显示指定颜色、透明度和交叉选项。

1．设定基准面显示操作

[1] 打开零件或装配体文件。

[2] 单击【工具】/【选项】，在"文档属性"标签上，单击【基准面显示】，基准面显示操控板如图 2-3 所示。

图 2-3 基准面显示操控板

[3] 在面下设定以下选项。

• 正面颜色。显示用来设定基准面的正面颜色的颜色对话框。

• 背面颜色。显示用来设定基准面的背面颜色的颜色对话框。

• 透明度。控制基准面透明度（0%显示实体面颜色；100%不显示实体面颜色）。

[4] 在交叉线下，设定以下选项。

• 显示交叉线。选择或清除显示交叉线复选框来显示或隐藏基准面的交叉线。

• 线颜色。显示用来设定基准面交叉线颜色的颜色对话框。

[5] 单击【确定】按钮来接受更改，或单击【取消】按钮来放弃更改并退出对话框。

2．藏或显示单个基准面

[1] 在图形区域或 FeatureManager 设计树中右击【基准面】。

[2] 单击【隐藏/显示】按钮。

【例 2-1】 新建基准面

[1] 单击【新建】/【零件】/【确定】，新建一个零件文件。

[2] 单击参考几何体工具栏上的【基准面】按钮◈，出现基准面操控板。

[3] 设置基准面属性，在第一参考⬜中选择"前视基准面"，偏移距离⬜输入"20.00mm"，如图 2-4 所示。

[4] 预览新建基准面如图 2-5 所示。

[5] 单击【确定】按钮✓，生成新建基准面，如图 2-6 所示。

图 2-4　设置基准面属性

图 2-5　预览新建基准面

图 2-6　新建基准面

2.1.2　基准轴

SolidWorks 2014 可生成一参考轴，也称为构造轴。在生成草图几何体时或在圆周阵列中可以使用基准轴。每一个圆柱和圆锥面都有一条轴线。临时轴是由模型中的圆锥和圆柱隐含生成的。可以设置默认为隐藏或显示所有临时轴。

单击参考几何体工具栏上的【基准轴】按钮，或单击菜单【插入】/【参考几何体】/【基准轴】选项，显示如图2-7所示的基准轴操控板。

基准轴操控板中功能选项的说明如下。

- 参考实体：显示所选实体。
- 直线/边线/轴：选择草图直线、边线，或选择视图、临时轴，然后选择所显示的轴。
- 两平面：选择两个平面，或选择视图、基准面，然后选择两个平面。
- 两点/顶点：选择两个顶点、点或中点。
- 圆柱/圆锥面：选择一个圆柱或圆锥面。

图2-7　基准轴操控板

- 点和面/基准面：选择一个曲面或基准面及顶点或中点。所产生的轴通过所选顶点、点、中点而垂直于所选曲面或基准面。如果曲面为非平面，点必须位于曲面上。

打开或关闭基准轴的显示：单击【视图】/【基准轴】。

1．隐藏或显示个别的基准轴

[1]　在图形区域或FeatureManager设计树中右击轴。

[2]　单击隐藏或显示。

2．生成一个参考轴

[1]　单击参考几何体工具栏上的【基准轴】按钮，打开基准轴操控板。

[2]　在基准轴PropertyManager中选择轴类型，然后为此类型选择所需实体。

[3]　检查参考实体中列出的项目是否与选择相对应。

[4]　单击【确定】按钮。

[5]　单击【视图】/【基准轴】以观阅新的轴。

【例2-2】新建基准轴

[1]　打开初始文件"Z2L1.prt"，圆柱模型如图2-8所示。

[2]　单击参考几何体工具栏上的【基准轴】按钮，出现基准轴操控板。

[3]　设置基准轴属性，在参考实体中选择圆柱面"面<1>"，如图2-9所示。

[4]　预览新建基准轴，如图2-10所示。

[5]　单击【确定】按钮，生成新建基准轴，如图2-11所示。

图2-8　圆柱模型　　　图2-9　设置基准轴属性　　图2-10　预览新建基准轴　　图2-11　新建基准轴

2.1.3　坐标系

SolidWorks 2014可以定义草图、零件或装配体的坐标系。

单击参考几何体工具栏上的【坐标系】按钮，或单击菜单【插入】/【参考几何体】/【坐标系】选项，显示如图 2-12 所示的坐标系操控板。

坐标系操控板中功能选项的说明如下。

- 【原点】按钮：为坐标系原点选择顶点、点、中点、零件上或装配体上默认的原点。
- X 轴、Y 轴及 Z 轴：为轴方向参考选择以下之一：顶点、点或中点，将轴向所选点对齐。线性边线或草图直线：将轴与所选边线或直线平行。非线性边线或草图实体：将轴向所选实体上的所选位置对齐。平面：将轴与所选面的垂直方向对齐。
- 【反转】按钮：反转轴的方向。

图 2-12　坐标系操控板

可以同时隐藏或显示所选坐标系或所有坐标系。

要切换所有坐标系的显示，请单击以下选项之一。

- 单击【隐藏/显示】按钮（前导视图工具栏），然后单击【观阅坐标系】按钮。
- 单击【观阅坐标系】按钮（视图工具栏）。

要隐藏或显示单个坐标系。右击此坐标系，然后单击【隐藏/显示】按钮。

2.1.4　参考点

SolidWorks 2014 可生成数种类型的参考点来用作构造对象，还可在以指定距离分割的曲线上生成多个参考点。

单击参考几何体工具栏上的【点】按钮，或单击菜单【插入】/【参考几何体】/【点】选项，显示如图 2-13 所示的点操控板。

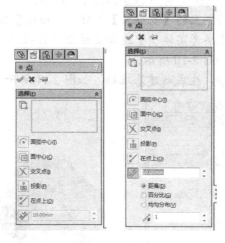

图 2-13　点操控板

点操控板中功能选项的说明如下。

- 参考实体：显示用来生成参考点的所选实体。可在下列实体的交点处创建参考点：轴和平面、轴和曲面、两个轴。
- 圆弧中心：在所选圆弧或圆的中心生成参考点。
- 面中心：在所选面的引力中心生成一个参考点，可选择平面或非平面。

- 交叉点 $\boxtimes$：在两个所选实体的交点处生成一个参考点，可选择边线、曲线及草图线段。
- 投影 $\boxed{\cdot}$：生成一个从一个实体投影到另一实体的参考点。选择两个实体：投影的实体及投影到的实体。可将点、曲线的端点及草图线段、实体的顶点及曲面投影到基准面、平面或非平面。点将垂直于基准面或面而被投影。
- 在点上 $\boxed{\checkmark}$：可以在草图点和草图区域末端上生成参考点。
- 沿曲线距离或多个参考点 $\boxed{\text{☆}}$：沿边线、曲线或草图线段生成一组参考点。选择实体然后使用这些选项生成参考点：根据距离输入距离/百分比数值，设定用来生成参考点的距离或百分比数值。距离：按设定的距离生成参考点数，第一个参考点以此从端点的距离生成，而非在端点上生成。百分比：按设定的百分比生成参考点数，百分比是指所选实体的长度百分比。均匀分布：在实体上均匀分布的参考点数，如果编辑参考点数，则参考点将相对于开始端点而更新其位置。参考点数 $\boxed{\#}$：设定要沿所选实体生成的参考点数，参考点使用选中的距离、百分比或均匀分布选项而生成。

1．生成单一参考点

[1] 单击参考几何体工具栏上的【点】按钮 $\ast$，或单击菜单【插入】/【参考几何体】/【点】选项。

[2] 在 PropertyManager 中选择要生成的参考点类型。

[3] 在图形区域中选择用来生成参考点的实体。

[4] 单击【确定】按钮 $\checkmark$。

2．沿曲线生成多个参考点

[1] 在带曲线的模型中，单击参考几何体工具栏上的【点】按钮 $\ast$。

[2] 在 PropertyManager 中进行如下操作。

- 选择沿曲线距离或多个参考点 $\boxed{\text{☆}}$。
- 选择沿着生成参考点的曲线。
- 选择一个分布类型：距离、百分比或均匀分布。
- 为了要沿所选实体所生成的参考点数 $\boxed{\#}$，根据距离输入距离/百分比数值。

[3] 单击【确定】按钮 $\checkmark$。

【例 2-3】 新建参考点

[1] 打开初始文件 "Z2L2.prt"，圆柱模型如图 2-14 所示。

[2] 单击参考几何体工具栏上的【点】按钮 $\boxed{\times}$，出现基准轴操控板。

[3] 设置点属性，【参考实体】$\boxed{\square}$ 中选择圆柱端面 "面<1>" 和 "基准轴 1"，如图 2-15 所示。

图 2-14　圆柱模型

图 2-15　设置点属性

[4] 预览新建点，如图 2-16 所示。

[5] 单击【确定】按钮 ✓，生成新建点，如图 2-17 所示。在图形区域或 FeatureManager 设计树中右击"基准轴 1"，单击【隐藏】按钮，隐藏"基准轴 1"新建点，如图 2-18 所示。

图 2-16　预览新建点　　　　图 2-17　新建点　　　　图 2-18　隐藏"基准轴 1"新建点

2.2　草图

当新建一个零件文件时，首先生成草图。草图是 3D 模型的基础。可在任何默认基准面（前视基准面、上视基准面及右视基准面）或生成的基准面上生成草图。

2.2.1　新建草图

SolidWorks 2014 系统默认 3 个基准面，包括前视基准面、上视基准面和右视基准面，如图 2-19 所示。在默认情况下，新的草图在前视基准面上打开。

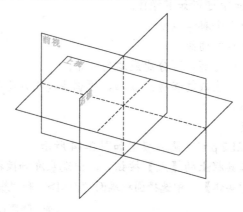

图 2-19　默认三个基准面

可通过选择草图绘制实体工具（直线 ╲、圆 ⊙ 等）、草图绘制工具、基准面、特征工具栏上的拉伸凸台/基体 ⬚ 或旋转凸台/基体 ⬥ 来开始绘制草图。

1. 要用草图绘制实体工具或草图绘制工具开始绘制草图

[1] 单击草图绘制工具栏上的草图实体工具，或单击草图工具栏上的【草图绘制】按钮 ✎，或单击菜单【插入】/【草图绘制】选项。

[2] 选择所显示的三个基准面（前视基准面、上视基准面及右视基准面）之一，基准面旋转到正视方向。

[3] 用草图绘制实体工具生成一个草图，或在草图绘制工具栏上选择一个工具并生成草图。

[4] 为草图实体标注尺寸。

[5] 退出草图，或单击特征工具栏上的【拉伸凸台/基体】按钮图或【旋转凸台/基体】
按钮⊕。

2. 以基准面开始绘制草图

[1] 在 FeatureManager 设计树中选择一个基准面，然后单击草图绘制工具栏上的草图实
体工具，或单击草图工具栏上的【草图绘制】按钮☑。在新零件中，基准面以正视
方向显示。

[2] 生成草图。

[3] 为草图实体标注尺寸。

[4] 退出草图，或单击特征工具栏上的拉伸凸台/基体图或旋转凸台/基体⊕。

3. 以拉伸或旋转凸台/基体来开始绘制草图

[1] 单击特征工具栏上的【拉伸凸台/基体】按钮图或【旋转凸台/基体】按钮⊕，或单
击菜单【插入】/【凸台/基体拉伸】或【凸台/基体旋转】。

[2] 选择所显示的 3 个基准面（前视基准面、上视基准面及右视基准面）之一。在新零
件中，基准面旋转到正视方向。

[3] 用草图实体工具生成一个草图，或在草图绘制工具栏上选择一个工具并生成草图。

[4] 关闭草图，打开所选择的特征的 PropertyManager。

[5] 生成零件并单击【确定】按钮✅。

2.2.2 在零件的面上绘制草图

[1] 选取要在其上绘制草图的模型平面。

[2] 单击草图绘制工具栏上的一个草图实体工具，或单击草图工具栏上的【草图绘制】
按钮☑，或单击菜单【插入】/【草图绘制】

[3] 为草图实体标注尺寸。

[4] 退出草图，或单击特征工具栏上的【拉伸凸台/基体】按钮图
或【旋转凸台/基体】按钮⊕。

图 2-20 圆柱模型

【例 2-4】 在圆柱前表面上绘制圆草图操作

[1] 打开初始文件 "Z2L3.prt"，圆柱模型，如图 2-20 所示。

[2] 单击选取圆柱模型前面，如图 2-21 所示。

[3] 调整视图方位以正视方向显示，如图 2-22 所示。

[4] 单击草图工具栏上的【圆草图实体工具】按钮⊕来绘制圆草
图并给草图实体标注尺寸，如图 2-23 所示。

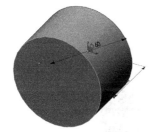
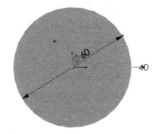
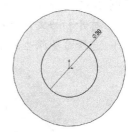

图 2-21 选取圆柱模型前面　　　图 2-22 调整视图方位以正视于　　　图 2-23 绘制圆草图并标注尺寸

[5] 单击特征工具栏上的【拉伸凸台/基体】按钮图，打开拉伸凸台/基体操控板。

[6] 设置拉伸凸台/基体属性，在"从"中选择"草图基准面"，在"方向 1"中选择"给

定深度"，在深度  中输入"20.00mm"，如图 2-24 所示。

[7] 视图区中可以预览拉伸凸台/基体，如图 2-25 所示。

[8] 单击【确定】按钮 ，在圆柱上生成拉伸凸台/基体，如图 2-26 所示。

图 2-24 设置拉伸凸台/基体属性　　图 2-25 预览拉伸凸台/基体　　图 2-26 在圆柱上生成拉伸凸台/基体

2.2.3 从一个草图派生新的草图

可以从属于同一零件的另一个草图或同一装配体中其他的草图中派生草图。当从现有草图派生草图时，可认准两个草图，保留其共享的特性。对原始草图所作的改变都将反映到派生草图中。

对于相同的两个草图，从现有草图派生草图可以避免重复的草图绘制工作，有利于提高设计效率。

从同一零件中的草图派生草图的操作步骤如下。

[1] 选择希望派生新草图的草图。

[2] 按住 Ctrl 键并单击，放置新草图的面。

[3] 单击菜单【插入】/【派生草图】。草图在所选面的基准面上出现，状态线指示您可以开始编辑。

[4] 通过拖动派生草图和标注尺寸，将草图定位在所选的面上。

[5] 退出草图。

【例 2-5】实例：从一个草图派生新的草图操作

[1] 打开初始文件"Z2L4.prt"，零件实体模型如图 2-27 所示。

[2] 选择希望派生新草图的圆草图，如图 2-28 所示。

图 2-27 零件实体模型　　　　　　　图 2-28 选择希望派生新草图的草图

[3] 按住 Ctrl 键并单击，放置新草图的面，如图 2-29 所示。

[4] 单击【插入】/【派生草图】，草图在选择面的基准面上出现，如图 2-30 所示。

图 2-29 选择将放置新草图的面

图 2-30 草图在选择面的基准面上出现

[5] 单击特征工具栏上的【拉伸凸台/基体】按钮，打开拉伸凸台/基体操控板。

[6] 设置拉伸凸台/基体属性，在"从"中选择"草图基准面"，在"方向 1"中选择"给定深度"，选择"反向"，在深度中输入"20.00mm"，如图 2-31 所示。

[7] 视图区中可以预览拉伸凸台/基体，如图 2-32 所示。

[8] 单击【确定】按钮，在圆柱上生成拉伸凸台/基体，如图 2-33 所示。

图 2-31 设置拉伸凸台/基体属性

图 2-32 预览拉伸凸台/基体

图 2-33 生成拉伸凸台/基体

2.3 草图绘制实体

SolidWorks 2014 提供了点、直线、圆和圆弧、矩形、样条曲线、草图文字等草图绘图实体工具，可以方便地绘制简单的草图图形。通过 CommandManager 上的草图或草图工具栏可以选择各种草图绘制实体工具。CommandManager 上的草图如图 2-34 所示。草图工具栏如图 2-35 所示。CommandManager 上的草图或草图工具栏上并不一定包括所有的草图实体绘制工具按钮，可以根据自己的需要进行草图工具栏设置，单击菜单【工具】/【自定义】选项，弹出自定义对话框，单击【命令】/【草图】，自定义对话框中显示出所有草图工具按钮，如图 2-36 所示，可以将需要的草图绘制实体工具按钮拖到 CommandManager 上的草图或草图工具栏上，也可以将 CommandManager 上的草图或草图工具栏上的按钮拖出。

图 2-34　CommandManager 上的草图

图 2-35　草图工具栏

图 2-36　所有草图工具按钮

2.3.1　绘制点

[1]　单击 CommandManager 中草图点 ✳，或单击草图工具栏上的【点】按钮 ✳，或单击
【工具】/【草图绘制实体】/【点】选项，指针形状变为 ✎。

[2]　在图形区域中单击以放置点。点工具保持激活，这样可继续插入点。

【例 2-6】草图中绘制点操作

[1]　单击【新建】/【零件】/【确定】，新建一个零件文件。

[2]　单击 FeatureManager 设计树中前视基准面。

[3]　单击草图工具栏上的【点】按钮 ✳，指针形状变为 ✎。

[4]　在图形区域中单击以放置点，如图 2-37 所示。

[5]　给点标注尺寸，如图 2-38 所示。

[6]　单击【确定】按钮 ✅，绘制点如图 2-39 所示。

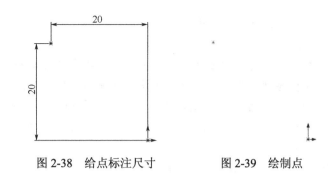

图 2-37　单击以放置点　　　　图 2-38　给点标注尺寸　　　　图 2-39　绘制点

2.3.2　绘制直线

草图中直线是最基本的图形实体。

绘制一条直线的操作步骤如下。

[1] 单击 CommandManager 中【草图】/【直线】按钮＼，或单击草图工具栏上的【直线】按钮＼，或单击菜单【工具】/【草图绘制实体】/【直线】选项，指针形状将变为✎。

[2] 在插入线条操控板中，在"方向"下选择"按绘制原样"、"水平"、"竖直"和"角度"之一，除"按绘制原样"外的所有选择均显示参数组。插入线条操控板如图 2-40 所示。

图 2-40　插入线条操控板

[3] 在"选项"下可以选择："作为构造线"来绘制构造线；"无限长度"来绘制无限长度直线，"添加尺寸"（仅限角度方向）来显示长度和角度值。

[4] 在"参数"下，根据直线方向可进行以下操作：水平或竖直时，为长度✐设定一数值；角度时，为长度✐设定一数值，为角度⬐设定一数值。

[5] 在图形区域中单击并绘制直线。

[6] 以下列方法之一完成直线：将指针拖动到直线的端点然后放开；释放指针，移动指针到直线的端点，然后再次单击。

[7] 可以执行下列任何操作之一：使用线条属性操控板中"组内的选择编辑直线"。继续使用所选方向绘制草图。单击【确定】按钮✐或双击以返回到插入线条操控板来

选择不同的方向或参数。

在打开的草图中，可进行以下操作之一：

- 如要改变直线的长度，选择一个端点并拖动来延长或缩短直线。
- 如要移动直线，选择该直线并将其拖动到另一个位置。
- 如要改变直线的角度，选择一个端点并将其拖动到不同的角度。如果直线有竖直或水平几何关系，在拖动到新角度之前在线条属性操控板中删除竖直或水平几何关系。

【例 2-7】 草图中绘制直线操作

[1] 单击【新建】/【零件】/【确定】，新建一个零件文件。

[2] 单击 FeatureManager 设计树中前视基准面。

[3] 单击草图工具栏上的【直线】按钮 \，在绘图区域中指针形状将变为 ✎。

[4] 插入线条操控板如图 2-41 所示。

[5] 在图形区域中原点处单击并绘制水平直线，在插入线条操控板参数中，长度 ✐ 设定数值为"40.00"，设置线条属性操控板如图 2-42 所示。

图 2-41　插入线条操控板

图 2-42　设置线条属性操控板

[6] 预览绘制直线，如图 2-43 所示。

[7] 单击【确定】按钮 ✔，绘制直线，如图 2-44 所示。

图 243　预览绘制直线　　　　　　　　　　图 2-44　绘制直线

2.3.3　绘制矩形

SolidWorks 2014 可以绘制矩形的类型有边角矩形、中心矩形、点边角矩形、点中心矩形和平行四边形。边角矩形——绘制标准矩形草图。中心矩形——绘制一个包括中心点的矩形。点边角矩形——以所选的角度绘制一个矩形。平行四边形——绘制标准平行四边形。在机械工程中零件建模时的矩形草图常用标准矩形草图。

1．绘制边角矩形

[1] 单击 CommandManager 中【草图】/【边角矩形】按钮□，或单击草图工具栏上的【边角矩形】按钮□，或单击【工具】/【草图绘制实体】/【边角矩形】选项，指针变为 �。

[2] 单击以放置矩形的第一个角落，然后拖动矩形并当矩形的大小和形状正确时释放。在拖动时，矩形的尺寸会动态显示，如图 2-45 所示。

[3] 单击【确定】按钮 ✅。

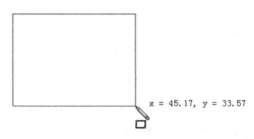

图 2-45　拖动时矩形的尺寸动态显示

2．绘制平行四边形

[1] 单击草图工具栏上的【平行四边形】按钮□，或单击【工具】/【草图绘制实体】/【平行四边形】选项，指针形状变为 ⌓。

[2] 在图形区域中，单击以定义第一个边角，拖动、旋转、放开来设定第一条边线的长度和角度，单击、旋转并拖动以设定其他三条边线的角度和长度，放开可设定四条边线。

【例 2-8】草图中绘制平行四边形操作

[1] 单击【新建】/【零件】/【确定】，新建一个零件文件。

[2] 单击 FeatureManager 设计树中前视基准面。

[3] 单击草图工具栏上的【平行四边形】按钮□，或单击【工具】/【草图绘制实体】/【平行四边形】，指针形状变为 ⌓。

[4] 在图形区域中单击原点定义第一个边角，如图 2-46 所示。

[5] 拖动、旋转、放开来设定第一条边线的长度和角度，如图 2-47 所示。

图 2-46　单击原点定义第一个边角　　　　图 2-47　设定第一条边线的长度和角度

[6] 单击、旋转并拖动以设定其他三条边线的角度和长度，如图 2-48 所示。

[7] 单击生成平行四边形，如图 2-49 所示。

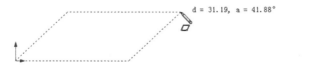

图 2-48　设定其他三条边线的角度和长度

图 2-49　生成平行四边形

2.3.4 绘制多边形

SolidWorks 2014 可生成数量在 3～40 之间的边的等边多边形。
生成多边形的操作步骤如下。

[1] 单击 CommandManager 中【草图】/【多边形】按钮⊕，或
单击草图工具栏上的【多边形】按钮⊕，或单击【工具】
/【草图绘制实体】/【多边形】，指针形状变为⤵。

[2] 根据需要在多边形操控板中设定属性，多边形属性控制板如
图 2-50 所示。

[3] 单击图形区域以定位多边形中心，然后拖动多边形并单击。

[4] 单击【确定】按钮✔。

在打开的草图中，通过拖动修改多边形。

- 通过拖动多边形的其中一边来改变多边形的大小。
- 通过拖动多边形的顶点或中心点来移动多边形。

图 2-50　多边形控制板

【例 2-9】　草图中绘制正六边形操作

[1] 单击【新建】/【零件】/【确定】，新建一个零件文件。

[2] 单击 FeatureManager 设计树中前视基准面。

[3] 单击草图工具栏上的【多边形】按钮⊕，指针形状变为⤵。

[4] 在图形区域中单击原点以定位多边形中心，如图 2-51 所示。

[5] 拖动多边形并单击，生成多边形如图 2-52 所示。

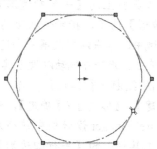

图 2-51　单击原点以定位多边形中心　　　　图 2-52　生成多边形

[6] 在多边形操控板中设定属性，边数为"6"、圆直径为"60.00"、角度为"0.00°"，如
图 2-53 所示。

[7] 单击【确定】按钮✔，生成正六边形如图 2-54 所示。

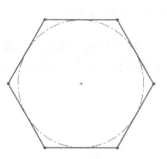

图 2-53　设置多边形属性　　　　　　　　图 2-54　生成正六边形

2.3.5　绘制圆

圆是草图中经常用的图形实体。绘制圆的默认方式是制定圆心和半径。可使用圆工具⊕绘制一个基于中心的圆，或可使用周边圆工具⊕绘制一个基于周边的圆（多用于和其他图形相切的情况下）。

绘制基于中心的圆的操作步骤如下。

[1] 单击 CommandManager 中【草图】，单击圆弹出工具⊙·并选择【圆工具】，或单击草图工具栏上的【圆工具】按钮⊕，或单击【工具】/【草图绘制实体】/【圆】，指针变为 ⬠。

[2] 单击图形区域以放置圆心。

[3] 移动指针并单击以设定半径。

[4] 单击【确定】按钮 ✅。

绘制基于周边的圆的操作步骤如下。

[1] 单击 CommandManager 中【草图】，单击圆弹出工具⊙·并选择【周边圆工具】，或单击草图工具栏上的【周边圆工具】按钮⊕，或单击【工具】/【草图绘制实体】/【周边圆】，指针变为 ⬠。

[2] 单击以放置周边。

[3] 往左或往右拖动来绘制圆。

[4] 单击 🖱来设定圆。

[5] 单击【确定】按钮 ✅。

在打开的草图中通过拖动修改圆。

● 通过将圆的边线拖离其中心点来增加周边。

● 通过将圆的边线拖至其中心点来减少周边。

● 通过拖动圆的中心来移动圆。

【例 2-10】草图中绘制圆操作

[1] 单击【新建】/【零件】/【确定】，新建一个零件文件。

[2] 单击 FeatureManager 设计树中前视基准面。

[3] 单击草图工具栏上的【周边圆工具】按钮⊕，指针变为 ⬠。

[4] 单击图形区域中原点以放置圆心，如图 2-55 所示。

[5] 移动指针并单击以设定半径，圆图形如图 2-56 所示。设置圆属性，如图 2-57 所示。

图 2-55　单击图形区域以放置圆心　　　　　图 2-56　圆图形

[6] 单击【确定】按钮 ✅，草图中绘制圆如图 2-58 所示。

图 2-57　设置圆属性

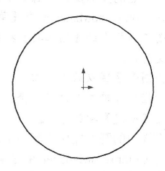

图 2-58　草图中绘制圆

2.3.6　绘制圆弧

圆弧是圆的一部分，SolidWorks 2014 提供了圆心/起/终点画弧、切线弧和三点圆弧 3 种绘制圆弧草图工具。

1. 绘制切线弧的操作过程

[1]　单击 CommandManager 中【草图】，在圆弧弹出工具 ⊙ ▾ 中选择【切线弧工具】，或单击草图工具栏上的【切线弧工具】按钮 ⑦，或单击【工具】/【草图绘制实体】/【切线弧】，指针变为 ⬚。

[2]　在直线、圆弧、椭圆或样条曲线的终点上单击 ⬚。

[3]　拖动圆弧绘制所需形状，然后释放。

[4]　单击【确定】按钮 ✓。

2. 绘制圆心/起/终点画弧的操作步骤

[1]　单击 CommandManager 中【草图】，在圆弧弹出工具 ⊙ ▾ 中选择【圆心/起/终点画弧工具】，或单击草图工具栏上的【圆心/起/终点画弧工具】按钮 ⑨，或单击【工具】/【草图绘制实体】/【圆心/起/终点画弧】，指针变为 ⬚。

[2]　单击 ⬚，放置圆弧的圆心。

[3]　释放并拖动，以设置半径和角度。

[4]　单击以放置起点。

[5]　释放、拖动和单击以设置终点。

[6]　单击【确定】按钮 ✓。

3. 绘制三点圆弧的操作步骤

[1]　单击 CommandManager 中【草图】，在圆弧弹出工具 ⊙ ▾ 中选择【三点圆弧工具】，或单击草图工具栏上的【三点圆弧工具】按钮 ⑥，或单击【工具】/【草图绘制实体】/【三点圆弧】，指针变为 ⬚。

[2]　单击 ⬚，设定起点。

[3]　拖动指针 ⬚，然后单击以设定终点。

[4] 拖动以设定半径。

[5] 单击以设置圆弧。

[6] 单击【确定】按钮 ✅。

【例2-11】 绘制三点圆弧草图操作

[1] 单击【新建】/【零件】/【确定】，新建一个零件文件。

[2] 单击 FeatureManager 设计树中前视基准面。

[3] 单击 CommandManager 中【草图】，在圆弧弹出工具 中选择【三点圆弧工具】，指针变为 。

[4] 在图形区域中原点上单击 ✎，如图 2-59 所示。

[5] 拖动指针 ✎，然后单击以设定终点，如图 2-60 所示。

图 2-59　在图形区域中单击原点　　　　图 2-60　单击以设定终点

[6] 拖动以设定半径，如图 2-61 所示。

[7] 单击以设置圆弧，如图 2-62 所示。设置圆弧属性，如图 2-63 所示。

图 2-61　拖动以设定半径　　　　　　　图 2-62　单击以设置圆弧

[8] 单击【确定】按钮 ✅，绘制三点圆弧草图如图 2-64 所示。

图 2-63　设置圆弧属性　　　　　　　图 2-64　绘制三点圆弧草图

2.3.7　绘制样条曲线

样条曲线是由一组点定义的光滑曲线，样条曲线用于精确地表示曲线的形状和尺寸。样条曲线的点可少至两个点，可在端点指定相切。

绘制样条曲线的操作步骤如下。

[1]　单击 CommandManager 中【草图】，在曲线弹出工具 ∿ · 中选择【样条曲线工具】，或单击【工具】/【草图绘制实体】/【样条曲线】，指针变为 ✎。

[2]　单击以放置第一个点并将第一个线段拖出。

[3]　单击下一个点并将第二个线段拖出。

[4]　为每个线段重复，然后在样条曲线完成时双击。

[5]　单击【确定】按钮 ✅。

【例 2-12】草图中绘制样条曲线操作

[1]　单击【新建】/【零件】/【确定】，新建一个零件文件。

[2]　单击 FeatureManager 设计树中前视基准面。

[3]　单击 CommandManager 中【草图】，在弹出工具 ∿ · 中选择【样条曲线工具】，指针变为 ✎。

[4]　单击原点以放置第一个点，如图 2-65 所示，将第一个线段拖出，如图 2-66 所示。

[5]　单击下一个点并将第二个线段拖出，如图 2-67 所示。

图 2-65　单击原点放置第一个点　　图 2-66　将第一个线段拖出　　图 2-67　单击下一个点并第二个线段拖出

[6]　重复每个线段，然后在样条曲线完成时双击，绘制样条曲线如图 2-68 所示。

[7]　单击【确定】按钮 ✅，草图中绘制完成样条曲线如图 2-69 所示。

图 2-68　绘制样条曲线　　　　　　　图 2-69　草图中绘制完成样条曲线

2.3.8　绘制文字

在任何连续曲线或边线组上（包括零件面上由直线、圆弧或样条曲线组成的圆或轮廓）绘制文字，并且拉伸或剪切文字。

在零件上添加文字的操作步骤如下。

[1]　单击零件的面。

[2]　单击 CommandManager 中【草图】，选择【文字工具】，或单击草图工具栏上的【文字工具】按钮 🅐，或单击【工具】/【草图绘制实体】/【文本】。

[3]　在图形区域中选择一边线、曲线、草图或草图线段，所选项目出现在 PropertyManager

中曲线☑下。

[4] 在 PropertyManager 中，在"文字"下键入要显示的文字。键入时，文字将出现在图形区域中。

[5] 根据需要在草图文字操控板中设定属性。

[6] 单击【确定】按钮 ✔。

[7] 保持草图打开，拉伸或切除文字。

【例2-13】 草图中绘制文字和拉伸切除文字操作

[1] 打开初始文件"Z2L5.prt"，零件实体模型如图2-70所示。

[2] 单击零件表面将其作为基准面，并在其上绘制一条中心线，如图2-71所示。

图2-70　零件实体模型　　　　　图2-71　在零件表面上绘制一条中心线

[3] 单击 CommandManager 中的【草图】，选择【文字工具】。

[4] 在图形区域中选择中心线，所选项目出现在 PropertyManager 中曲线☑下。在 PropertyManager 中，在"文字"下键入"SolidWorks 2014"，在草图文字出操控板中设定属性，如图2-72所示。键入时，文字将出现在图形区域中，如图2-73所示。

[5] 单击【确定】按钮 ✔，草图中绘制文字如图2-74所示。

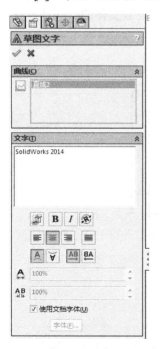  

图2-72　设定属性　　　图2-73　文字将出现在图形区域中　　　图2-74　草图中绘制文字

[6] 单击特征工具栏上的【切除-拉伸】按钮▣，设置切除-拉伸属性，如图2-75所示。切除-拉伸文字如图2-76所示。

图 2-75　设置切除-拉伸属性

图 2-76　切除-拉伸文字

2.4　综合实例——绘制 V 形块平面草图

设计要求

V 形块零件是机床夹具常用的定位元件，V 形块零件模型的基本结构是由 V 形块端面草图通过拉伸形成的。通过绘制 V 形块平面草图来巩固前面学习的草图绘制实体的一些基本操作。V 形块平面草图如图 2-77 所示。

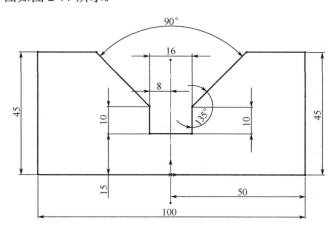

图 2-77　V 形块平面草图

设计思路

[1]　对 V 形块平面草图的图形特点进行分析。V 形块平面草图由直线和中心线组成。

[2]　先绘制中心线。

[3]　绘制各条直线。

[4]　标注草图尺寸。

[5]　检查草图绘制完成后是否处于完全定义。

绘制 V 形块平面草图过程

[1] 单击【新建】按钮。在弹出的"新建 SolidWorks 文件"对话框中选择"零件"复选框，单击【确定】按钮。

[2] 单击 FeatureManager 设计树中前视基准面。

[3] 单击位于 CommandManager 下面的【草图】选项卡，草图工具栏将出现，选取草图实体绘制工具。

[4] 绘制通过原点的一条中心线，如图 2-78 所示。

[5] 绘制各条直线，如图 2-79 所示。

图 2-78　绘制一条中心线

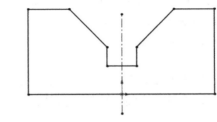

图 2-79　绘制各条直线

[6] 标注线性尺寸，如图 2-80 所示。

[7] 标注角度尺寸，如图 2-81 所示。草图已经完全定义，颜色为黑色。

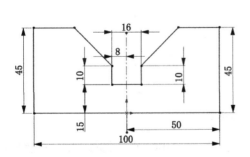

图 2-80　标注线性尺寸

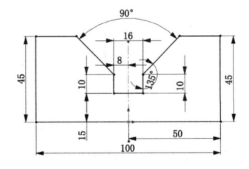

图 2-81　标注角度尺寸

[8] 单击"确认角落"中的【退出草图】按钮，绘制 V 形块平面草图，如图 2-82 所示。

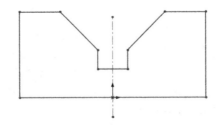

图 2-82　绘制 V 形块平面草图

2.5　本章小结

本章介绍了 SolidWorks 2014 草图绘制实体操作命令。当新建一个零件文件时，首先生成草图，可在任何默认基准面、前视基准面或生成的基准面上生成草图。SolidWorks 2014 提供了点、直线、圆和圆弧、矩形、样条曲线、草图文字等草图绘图实体工具，可以方便地绘制简单的草图图形。参考几何体包括基准面、基准轴、坐标系和点，SolidWorks 2014 中的草图实体和零件模型都是在某个参考几何体环境下创建和编辑的。

草图绘制实体时要养成一些良好的习惯。绘制草图时尽量符合实际大小。保持草图简单，绘制较复杂的草图时采用分步绘制。

2.6 思考与练习

1. 思考题

（1）怎样选择绘制草图时的基准面？

（2）草图绘制时常用的草图绘制实体工具有哪些？

（3）如何可以提高绘制草图效率？

（4）如何进行草图工具栏设置？

2. 练习题

（1）由直线组成的草图如图 2-83 所示，草图中包含一条中心线和多条直线，草图是对称图形。在绘制草图时，先绘中心线，再绘制直线。

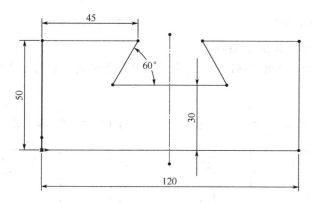

图 2-83   由直线组成的草图

（2）连杆基本形状草图如图 2-84 所示，草图由中心线、两个圆、两个圆弧和两条直线所构成，草图是对称图形，圆弧和直线之间相切。在绘制草图时，先绘制通过原点的中心线，再绘制圆心在原点和圆心在中心线上的 4 个圆，最后绘制与圆相切的两条直线，通过剪裁草图实体进行编辑草图。

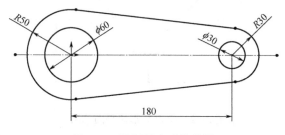

图 2-84   连杆基本形状草图

第3章 草图绘制工具

本章主要介绍 SolidWorks 2014 草图绘制工具操作命令,通过草图绘制实体操作命令绘制基本图形后,利用草图绘制工具完成草图各种编辑工作,并为草图标注尺寸和添加几何关系。

3.1 绘制基本的草图实体

通过草图实体绘制工具绘制基本的草图实体,可以利用草图绘制工具进一步对基本草图实体进行编辑。

3.1.1 绘制圆角

绘制圆角工具可在两个草图实体的交叉处剪裁掉角部,从而生成一个切线弧。此工具在 2D 和 3D 草图中均可使用。

在草图中生成圆角的操作步骤如下。

[1] 在打开的草图中,单击 CommandManager 中的【草图】,在圆角弹出工具 中选择【圆角工具】,或单击草图工具栏上的【圆角工具】按钮 ,或单击【工具】/【草图工具】/【圆角】。

[2] 在绘制圆角操控板中设定属性。

[3] 选择要圆角化的草图实体,可选取两个草图实体或选择边角。

[4] 如有必要,拖动预览以调整圆角大小。

[5] 单击【确定】按钮 接受圆角。

【例 3-1】 矩形草图绘制圆角

[1] 单击【新建】/【零件】/【确定】,新建一个零件文件。

[2] 在前视基准面中绘制矩形草图,如图 3-1 所示。

图 3-1 绘制矩形草图

[3] 单击 CommandManager 中【草图】,从圆角弹出工具 选择【圆角工具】,打开圆角操控板。

[4] 为每个圆角选择草图实体,在圆角操控板中设定属性,如图 3-2 所示。矩形草图圆角预览如图 3-3 所示。

图 3-2　设置圆角属性

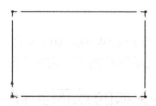

图 3-3　矩形草图圆角预览

[5]　单击【确定】按钮 ✅ 接受圆角。圆角后的矩形草图如图 3-4 所示。

[6]　单击"确认角落"中的【退出草图】按钮 🗗 ，矩形草图绘制圆角，如图 3-5 所示。

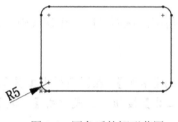

图 3-4　圆角后的矩形草图

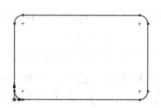

图 3-5　矩形草图绘制圆角

3.1.2　绘制倒角

在 2D 和 3D 草图中，绘制倒角工具可将倒角应用到相邻的草图实体中。此工具在 2D 和 3D 草图中均可使用。

在草图中生成倒角的操作步骤如下。

[1]　在打开的草图中，单击 CommandManager 中的【草图】，在圆角弹出工具 🔽 中选择【倒角工具】，或单击草图工具栏上的【倒角工具】按钮 ＼，或单击【工具】/【草图工具】/【倒角】。

[2]　在 PropertyManager 中根据需要设定倒角参数。

[3]　在图形区域中选择要进行倒角化的草图实体。

[4]　单击【确定】按钮 ✅ 接受倒角。

【例 3-2】　矩形草图绘制倒角

[1]　单击【新建】/【零件】/【确定】，新建一个零件文件。

[2]　在前视基准面中绘制矩形草图，如图 3-6 所示。

[3]　单击 CommandManager 中的【草图】，在圆角弹出工具 🔽 中选择【倒角工具】，打开倒角操控板。

[4]　为每个倒角选择草图实体，在倒角操控板中设定属性，如图 3-7 所示。矩形草图倒角预览如图 3-8 所示。

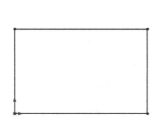

图 3-6　绘制矩形草图　　　　　　　图 3-7　设置倒角属性

[5] 单击【确定】按钮 ✓ 接受倒角。

[6] 单击"确认角落"中的【退出草图】按钮 ⬚，矩形草图绘制倒角，如图 3-9 所示。

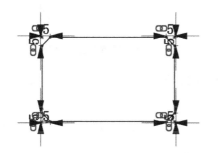

图 3-8　矩形草图倒角预览　　　　　　图 3-9　矩形草图绘制倒角

3.1.3　等距实体

等距实体工具是按特定的距离使一个或多个草图实体、所选模型边线或模型面等距。此工具可等距诸如样条曲线或圆弧、模型边线组、环等之类的草图实体。使用等距实体工具可以提高绘图效率。

等距实体工具可等距有限直线、圆弧和样条曲线。不能等距套合样条曲线先前等距的样条曲线或会产生自我相交几何体的实体。如果当重建模型时原始实体改变，则等距实体也会随之改变。

生成草图等距的操作步骤如下。

[1] 在打开的草图中，选择一个或多个草图实体、一个模型面或一条模型边线。

[2] 单击 CommandManager 中的【草图】，并选择【等距实体工具】，或单击草图工具栏上的【等距实体工具】按钮 ⅂，或单击【工具】/【草图工具】/【等距实体】。

[3] 在 PropertyManager 中的参数下根据需要设定等距参数。当在图形区域中单击时，等距实体已完成。在单击图形区域之前设定参数。

[4] 单击【确定】按钮 ✓，或在图形区域中单击。

【例 3-3】等距一条直线实体操作

[1] 单击【新建】/【零件】/【确定】，新建一个零件文件。

[2] 在前视基准面中绘制一条直线草图，如图 3-10 所示。

[3] 在打开的草图中，选择"直线"，单击 CommandManager 中的【草图】，并选择【等距实体工具】，打开等距实体操控板。

[4] 在 PropertyManager 中的参数下根据需要设定等距参数，如图 3-11 所示。等距直线实体预览如图 3-12 所示。

图 3-10 绘制一条直线草图

图 3-11 设置等距实体属性

[5] 单击【确定】按钮 ✅，等距直线实体如图 3-13 所示。

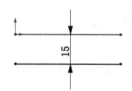

图 3-12 等距直线实体预览

图 3-13 等距直线实体

3.1.4 转换实体引用

转换实体引用可通过投影边线、环、面、曲线、外部草图轮廓线、一组边线或一组草图曲线到草图基准面上以在草图中生成一条或多条曲线。

转换实体引用的操作步骤如下。

[1] 在打开的草图中，单击模型边线、环、面、曲线、外部草图轮廓线、一组边线或一组曲线。

[2] 单击 CommandManager 中的【草图】，并选项【转换实体引用工具】 ⬡，或单击草图工具栏上的【转换实体引用工具】 ⬡，或单击【工具】/【草图工具】/【转换实体引用】。也可在单击【转换实体引用工具】 ⬡后单击一个实体。

[3] 在 PropertyManager 中单击选择链转换所有相邻的草图实体。

[4] 单击【确定】按钮 ✅。

【例 3-4】 草图转换实体引用

[1] 打开初始文件 "Z3L1.prt"，零件实体模型如图 3-14 所示。

[2] 单击草图工具栏上的【草图绘制】按钮 ⬡，打开 "编辑草图" 对话框，如图 3-15 所示。

[3] 选择上表面作为基准面开打开草图，原点出现在基准面上，如图 3-16 所示。

[4] 按住 Ctrl 键，选择要转换实体的两个圆，如图 3-17 所示。

图 3-14　零件实体模型　　　　图 3-15　打开"编辑草图"对话框　　　图 3-16　原点出现基准面上

[5]　单击 CommandManager 中的【草图】，并选择【转换实体引用工具】，在草图上两个圆转换实体引用如图 3-18 所示。

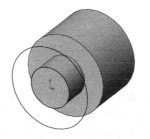

图 3-17　选择要转换实体的两个圆　　　　图 3-18　在草图上两个圆转换实体引用

3.1.5　剪裁草图实体

根据想剪裁的实体选择剪裁类型。所有剪裁类型都可为 2D 草图及在 3D 基准面上的 2D 草图所使用。剪裁选项的类型有强劲剪裁、边角、在内剪除、在外剪除和剪裁到最近端。一般情况下采用强劲剪裁，重点介绍强劲剪裁。

可以通过将指针拖过每个草图实体来使用强劲剪裁剪裁多个相邻草图实体。

使用强劲剪裁进行剪裁的操作步骤如下。

[1]　右击【草图】，然后选择"编辑草图"。

[2]　在打开的草图中，单击 CommandManager 中的【草图】，并选择【剪裁实体工具】，或单击草图工具栏上的【剪裁实体工具】按钮，或单击【工具】/【草图工具】/【剪裁】。

[3]　在 PropertyManager 中的"选项"下，选择强劲剪裁。

[4]　单击位于第一个实体旁边的图形区域，然后拖动穿越要剪裁的草图实体。指针在穿过并剪裁草图实体时变成，一尾迹沿剪裁路径生成。

[5]　继续按住指针并拖动穿越想剪裁的每个草图实体。

[6]　在完成剪裁草图时释放指针，然后单击【确定】按钮。

【例 3-5】　使用强劲剪裁进行剪裁草图实体操作

[1]　单击【新建】/【零件】/【确定】，新建一个零件文件。

[2]　在前视基准面中绘制草图，如图 3-19 所示。

[3]　单击 CommandManager 中的【草图】并选择【剪裁实体工具】。在 PropertyManager 中的"选项"下选择强劲剪裁，如图 3-20 所示。

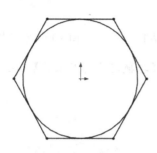

图 3-19　绘制草图　　　　　　图 3-20　剪裁选项下选择强劲剪裁

[4] 单击位于第一个实体旁边的图形区域，然后拖动穿越要剪裁的草图实体，一尾迹沿剪裁路径生成，如图 3-21 所示。

[5] 在完成剪裁草图时释放指针，然后单击【确定】按钮 ✅，剪裁后草图图形如图 3-22 所示。

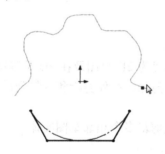

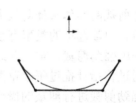

图 3-21　一尾迹沿剪裁路径生成　　　　　图 3-22　剪裁后草图图形

3.1.6　延伸草图实体

延伸实体工具可增加草图实体（直线、中心线、或圆弧）的长度。使用延伸实体工具将草图实体延伸以与另一个草图实体相遇。若想将草图实体延伸到最近端实体之外，单击以放置第一个草图延伸，拖向下一个草图实体，然后单击来放置第二个延伸，下面以此类推。

延伸草图实体的操作步骤如下。

[1] 在打开的草图中，单击 CommandManager 中的【草图】，并选择【延伸实体工具】，或单击草图工具栏上的【延伸实体工具】按钮 T，或单击【工具】/【草图工具】/【延伸】，指针形状变为 ↘T。

[2] 将指针移到草图实体上以延伸，预览时会按延伸实体的方向延伸。

[3] 如果预览以错误方向延伸，将指针移到直线或圆弧另一半上。

[4] 单击草图实体接受预览。

【例3-6】 延伸草图实体操作

[1] 单击【新建】/【零件】/【确定】，新建一个零件文件。

[2] 在前视基准面中绘制草图，如图3-23所示。

[3] 单击【工具】/【草图工具】/【延伸】，将指针移动到要延伸的直线草图实体上，如图3-24所示。

图3-23　绘制草图　　　　　　　　　　　　图3-24　指针移动到要延伸的直线上

[4] 单击将直线草图实体延伸到左侧直线上，如图3-25所示。

[5] 再将指针移动到要延伸的直线草图实体上，如图3-26所示，单击将直线草图实体延伸到右侧直线上，如图3-27所示。

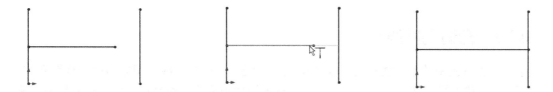

图3-25　直线延伸到左侧直线上　　　图3-26　指针移动到要延伸的直线上　　　图3-27　直线延伸到右侧直线上

3.1.7　分割草图实体

分割实体绘制工具可以通过添加一个分割点而将一个草图实体分割为两个草图实体。反之，可以通过删除一个分割点将两个草图实体合并成单一草图实体。使用两个分割点来分割一个圆、完整椭圆或闭合样条曲线。

分割草图实体的操作步骤如下。

[1] 在打开的草图中，单击CommandManager中的【草图】，并选择【分割实体工具】，或单击草图工具栏上的【分割实体工具】按钮，或单击【工具】/【草图工具】/【分割实体】，指针变成。

[2] 单击草图实体上的分割位置，该草图实体被分割成两个实体，并且这两个实体之间会添加一个分割点。

【例3-7】 分割草图实体操作

[1] 单击【新建】/【零件】/【确定】，新建一个零件文件。

[2] 在前视基准面中绘制草图，如图3-28所示。

[3] 单击【工具】/【草图工具】/【分割实体】，打开分割实体操控板，如图3-29所示。

[4] 在直线草图实体上单击添加一个分割点，在圆草图实体上两次单击以添加两个分割点，如图3-30所示。

[5] 关闭分割实体操控板，单击选择要删除的圆弧草图实体，如图3-31所示。删除的圆弧草图实体如图3-32所示。

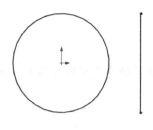

图 3-28　绘制草图

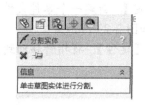

图 3-29　分割实体操控板

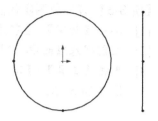

图 3-30　在直线和圆上添加分割点

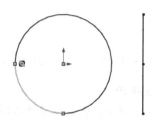

图 3-31　选择要删除的圆弧草图实体

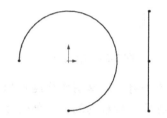

图 3-32　删除的圆弧草图实体

3.1.8　构造几何线

草图或工程图中的草图实体可转换成构造几何线。构造几何线仅用来协助生成草图实体和几何体，这些项目最终会结合在零件中。当草图被使用来生成特征时，构造几何线被忽略。构造几何线与中心线使用相同的线条样式。点和中心线始终是构造性实体。

将草图绘制实体转换成构造几何线的操作步骤如下。

（1）在一打开的草图中选择一个或多个草图实体。

（2）在 PropertyManager 中选择"作为构造线"，或单击 CommandManager 中的【草图】，并选择【构造几何线工具】，或单击草图工具栏上的【构造几何线工具】按钮，或单击【工具】/【草图工具】/【构造几何线】。

【例 3-8】　将草图实体转换为构造几何线操作

[1]　单击【新建】/【零件】/【确定】，新建一个零件文件。

[2]　在前视基准面中绘制草图，如图 3-33 所示。

[3]　选择两条直线草图实体，如图 3-34 所示。

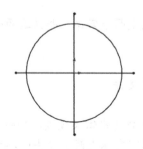

图 3-33　绘制草图

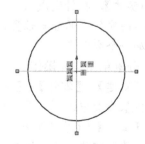

图 3-34　选择两条直线

[4]　在选择两条直线属性操控板中复选"作为构造线"，两条直线属性操控板如图 3-35 所示。单击【确定】按钮 ✅，将两条直线草图实体转换为构造几何线，如图 3-36

所示。

图 3-35　两条直线属性操控板

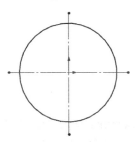

图 3-36　将两条直线转换为构造几何线

3.1.9　镜向草图实体

镜向实体绘图工具可以方便地绘制对称的图形。当生成镜向实体时，SolidWorks 2014 会在每一对相应的草图点（镜向直线的端点、圆弧的圆心等）之间应用一对称关系。如果更改被镜向的实体，则其镜向图像也会随之更改。镜向实体绘图工具可以绕中心线、直线、线性模型边线和线性工程图边线任一实体镜向草图。

通过选择【镜向实体】来镜向预先存在的 2D 草图实体或基准面上的 3D 草图实体，然后选择镜向所绕实体。如果要先选择镜向所绕实体，然后绘制要镜向的实体，可选择动态镜向实体。

镜向草图实体一般功能适用于 2D 草图或在 3D 草图基准面上所生成的 2D 草图。

镜向实体包括以下功能。

- 镜向以只包括新的实体，或包括原有及镜向的实体。
- 镜向某些或所有草图实体。
- 绕任何类型直线来镜向，不仅仅是构造性直线。
- 沿工程图、零件或装配体中的边线镜向。

镜向现有草图实体的操作步骤如下。

[1]　在打开草图中，单击 CommandManager 中的【草图】，并选择【镜向实体工具】，或单击草图工具栏上的【镜向实体工具】按钮，或单击【工具】/【草图工具】/【镜向】。

[2]　在 PropertyManager 中，为要镜向的实体选择草图实体。添加所选实体的镜向复件并移除原有草图实体，或选择复制以包括镜向复件和原始草图实体。为镜向点选

择边线或直线。

[3] 单击【确定】按钮 ✅ 。

在绘制时镜向草图实体的操作步骤如下。

[1] 在打开的草图中选择直线或模型边线。

[2] 单击 CommandManager 中的【草图】，并选择【动态镜向实体工具】，或单击草图工具栏上的【动态镜向实体工具】按钮 🔛 ，或单击【工具】/【草图工具】/【动态镜向】。对称符号出现在直线或边线的两端。

[3] 生成想镜向的草图实体。实体在绘制时被镜向。

[4] 如要关闭镜向，请再次单击动态镜向实体 🔛 。

【例 3-9】 镜向现有草图实体操作

[1] 单击【新建】/【零件】/【确定】，新建一个零件文件。

[2] 在前视基准面中绘制草图，如图 3-37 所示。

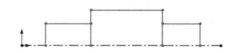

图 3-37 绘制草图   图 3-38 选择草图实体

[3] 单击 CommandManager 中的【草图】，并选择【镜向实体工具】，在 PropertyManager 中，为要镜向的实体 ⚠️ 选择草图实体，如图 3-38 所示。选择复制以包括镜向复件和原始草图实体。为镜向点 🔲 选择构造几何线，如图 3-39 所示。设置镜向属性，如图 3-40 所示。

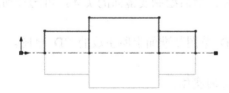

图 3-39 选择构造几何线绘制草图   图 3-40 设置镜向属性

[4] 单击【确定】按钮 ✅ ，镜向后草图实体如图 3-41 所示。

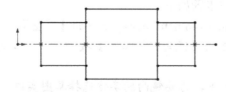

图 3-41 镜向后草图实体

3.1.10 移动、复制、旋转和按比例缩放

Solidworks 2014 草图环境中提供了用于草图曲线的移动、复制、旋转、按比例缩放及伸展等操作的工具。

1. 移动草图绘制实体

[1] 在草图模式下，单击 CommandManager 中的【草图】，在弹出工具 🖼️▾ 中选择【移动实体工具】，或单击草图工具栏上的【移动实体工具】按钮 🖼️，或单击【工具】/【草图工具】/【移动】。

[2] 在 PropertyManager 中的"要移动的实体"下，为草图项目或注解选择草图实体。选择"保留几何关系"以保留草图实体之间的几何关系，当被清除选择时，只有在所选项目和那些未被选择的项目之间的几何关系才被断开，所选实体之间的几何关系被保留。

[3] 在"参数"下，选择"从/到"，单击起点来设定基点 ⬚，然后拖动将草图实体定位，或选择"X/Y"然后为 △X 和 △Y 设定数值以将草图实体定位。

[4] 单击【确定】按钮 ✅。

【例 3-10】移动草图实体操作

[1] 打开初始文件"Z3L2.prt"，编辑草图，草图如图 3-42 所示。

[2] 单击 CommandManager 中的【草图】，从弹出工具 🖼️▾ 中选择【移动实体工具】，打开移动操控板。

[3] 在 PropertyManager 中的"要移动的实体"下，为草图项目选择圆草图实体，如图 3-43 所示。

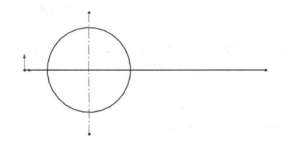
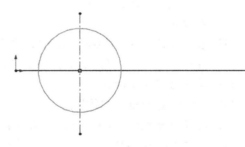

图 3-42 草图　　　　　　　　　　　图 3-43 选择圆草图实体

[4] 在"参数"下，选择"从/到"，单击圆心为移动基点 ⬚ 如图 3-44 所示，然后拖动将草图实体定位，如图 3-45 所示。

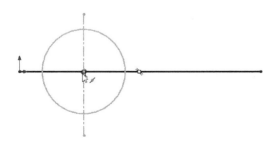
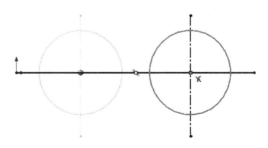

图 3-44 单击圆心为移动基点　　　　图 3-45 拖动将圆草图实体定位

[5] 设置移动属性，如图 3-46 所示。

[6] 单击【确定】按钮 ✓，圆草图实体移动到新位置，如图 3-47 所示。

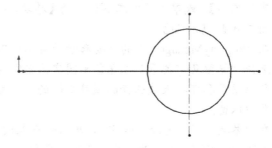

图 3-46　设置移动属性　　　　　　　　　图 3-47　圆草图实体移动到新位置

2. 复制草图绘制实体

[1] 在草图模式下，单击 CommandManager 中的【草图】，在弹出工具 中选择【复制实体工具】，或单击草图工具栏上的【复制实体工具】按钮，或单击【工具】/【草图工具】/【复制】。

[2] 在 PropertyManager 中的"要复制的实体"下，为草图项目或注解 选择草图实体。选择"保留几何关系"以保留草图实体之间的几何关系，当被清除选择时，只有在所选项目和那些未被选择的项目之间的几何关系才被断开，所选实体之间的几何关系被保留。

[3] 在"参数"下，选择"从/到"，单击起点来设定基点 ，然后拖动将草图实体定位，或选择"X/Y"然后为 ΔX 和 ΔY 设定数值以将草图实体定位。

[4] 单击【确定】按钮 ✓。

【例 3-11】 复制草图实体操作

[1] 打开初始文件 "Z3L3.prt"，编辑草图，草图如图 3-48 所示。

[2] 单击 CommandManager 中的【草图】，在弹出工具 中选择【复制实体工具】，打开复制操控板。

[3] 在 PropertyManager 中的"要复制的实体"下，为草图项目选择草图实体，如图 3-49 所示。

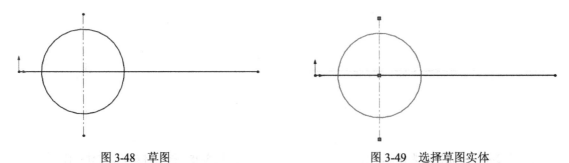

图 3-48　草图　　　　　　　　　　　　图 3-49　选择草图实体

[4] 在"参数"下，选择"从/到"，单击圆心为移动基点 如图 3-50 所示，然后拖动将

草图实体定位，如图 3-51 所示。

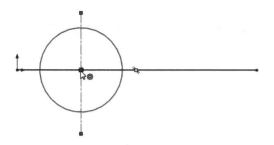

图 3-50　单击圆心为移动基点　　　　　图 3-51　拖动将圆草图实体定位

[5]　设置复制属性，如图 3-52 所示。

[6]　单击【确定】按钮 ✅，草图实体复制到新位置，如图 3-53 所示。

图 3-52　设置复制属性

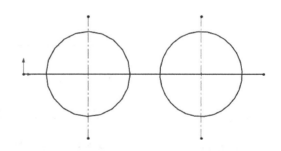

图 3-53　草图实体复制到新位置

3. 旋转草图绘制实体

[1]　在草图模式中，单击 CommandManager 中的【草图】，在弹出工具 中选择【旋转实体工具】，或单击草图工具栏上的【旋转实体工具】按钮，或单击【工具】/【草图工具】/【旋转】。

[2]　在 PropertyManager 中的"要旋转的实体"下，为草图项目或注解 选择草图实体。选择"保留几何关系"以保留草图实体之间的几何关系，当被清除选择时，只有在所选项目和那些未被选择的项目之间的几何关系才被断开，所选实体之间的几何关系被保留。

[3]　在"参数"下，单击基点（已定义的旋转点）来设定基点，然后单击图形区域来设定旋转中心，为角度 设定一数值。

[4]　单击【确定】按钮 ✅。

【例 3-12】旋转草图实体操作

[1]　打开初始文件"Z3L4.prt"，编辑草图，草图如图 3-54 所示。

[2]　单击 CommandManager 中的【草图】，在弹出工具 中选择【旋转实体工具】，打开旋转操控板。

[3] 在 PropertyManager 中的"要旋转的实体"下，为草图项目选择 4 条直线草图实体，如图 3-55 所示。

[4] 在"参数"下，单击基点（已定义的旋转点）来设定基点，单击图形区域原点来设定旋转中心，如图 3-56 所示，然后拖动旋转角度，如图 3-57 所示。

图 3-54　草图　　　　　图 3-55　选择四条直线草图实体　　　　　图 3-56　设定旋转中心

[5] 设置旋转属性，如图 3-58 所示。

[6] 单击【确定】按钮，草图实体旋转到新位置，如图 3-59 所示。

图 3-57　拖动旋转角度　　　　　图 3-58　设置旋转属性　　　　　图 3-59　草图实体旋转到新位置

4．按比例缩放草图绘制实体

[1] 在编辑草图模式中，单击 CommandManager 中的【草图】，在弹出工具中选择【按比例缩放实体工具】，或单击草图工具栏上的【按比例缩放实体工具】按钮，或单击【工具】/【草图工具】/【缩放比例】。

[2] 在 PropertyManager 中的"要缩放比例的实体"下，为草图项目或注解选择草图实体。

[3] 在"参数"下，单击基点（已定义的比例缩放点）来设定基点，然后单击图形区域来设定比例缩放点，设定比例因子的值。选择复制要保留原有草图实体并生成已缩放比例的实体副本，为份数设定数值。

[4] 单击【确定】按钮。

【例 3-13】按比例缩放草图实体操作

[1] 打开初始文件"Z3L5.prt"，编辑草图，草图如图 3-60 所示。

[2] 单击 CommandManager 中的【草图】，在弹出工具中选择【按比例缩放实体工具】，打开比例操控板。

[3] 在 PropertyManager 中的"要缩放比例的实体"下，为草图项目选择 4 条直线草图实体，如图 3-61 所示。

图 3-60　草图　　　　　　　　　　　　　图 3-61　选择四条直线草图实体

[4]　在"参数"下，单击基点（已定义的比例缩放点）来设定基点⊙，单击图形区域原点来设定比例缩放点，如图 3-62 所示。设定比例因子○的值为"0.5"，如图 3-63 所示

图 3-62　设定比例缩放点　　　　　　　　图 3-63　设定比例因子的值为"0.5"

[5]　设置按比例缩放属性，如图 3-64 所示。
[6]　单击【确定】按钮✔，按比例缩放草图实体，如图 3-65 所示。

图 3-64　设置按比例缩放属性　　　　　　图 3-65　按比例缩放草图实体

3.1.11　草图阵列

使用草图实体可在基准面或模型上生成线性草图阵列、圆周草图阵列或模型边线以定义阵列。

SolidWorks 2014 中的阵列是参数化的，阵列的参数与阵列结果一同保存下来，通过改变阵列参数可以很方便地更改阵列。

1．线性草图阵列

线性草图阵列工具可以将草图实体延两个方向进行多次等间距的复制。

生成线性草图阵列的操作步骤如下。

[1]　在打开的草图中，单击 CommandManager 中的【草图】，在弹出工具▦·中选择【线性草图阵列工具】，或单击草图工具栏上的【线性草图阵列工具】按钮▦，或单击

【工具】/【草图工具】/【线性阵列】。

[2] 在 PropertyManager 中，在"要阵列的实体"下选择要阵列的草图实体 🔲。

[3] 为"方向1（X-轴）"设定值。单击【反向】按钮 ⚡，设置草图实体之间的距离 ⤡。选择标注 X 间距以显示实体之间的尺寸。设置草图实体的数量 ⚏。选择显示实例记数以显示阵列中的实例数。设置阵列草图实体的角度 ⤢。

[4] 为"方向2（Y-轴）"进行重复。也可选择在轴之间标注角度为阵列之间的角度显示尺寸。

[5] 单击【确定】按钮 ✅。

【例3-14】 线性阵列圆草图操作

[1] 打开初始文件"Z3L6.prt"，编辑草图，草图如图 3-66 所示。

[2] 单击 CommandManager 中的【草图】，在弹出工具 🎛 中选择【线性草图阵列工具】，打开线性阵列操控板。

[3] 在 PropertyManager 中，在"要阵列的实体"下选择要阵列的 4 条直线草图实体，如图 3-67 所示。

图 3-66　草图

图 3-67　选择要阵列的4条直线草图实体

[4] 为"方向1（X-轴）"设定值，如图 3-68 所示。为"方向2（Y-轴）"进行重复设定值，如图 3-69 所示。

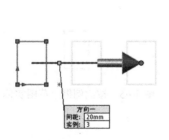

图 3-68　为"方向1"设定值

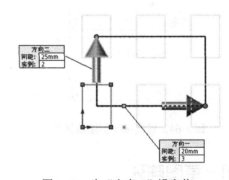

图 3-69　为"方向2"设定值

[5] 设置线性阵列属性，如图 3-70 所示。

[6] 单击【确定】按钮 ✅，线性阵列 4 条直线草图实体如图 3-71 所示。

2. 圆周草图阵列

圆周草图阵列工具可以将草图实体围绕中心点按照相等的角度进行连续复制。

生成圆周草图阵列的操作步骤如下。

[1] 在打开的草图中，单击 CommandManager 中的【草图】，在弹出工具 🎛 中选择【圆周草图阵列工具】，或单击草图工具栏上的【圆周草图阵列工具】按钮 ❖，或单击【工具】/【草图工具】/【圆周阵列】。

[2] 在 PropertyManager 中，在"要阵列的实体"下选择要阵列的草图实体 🔲。

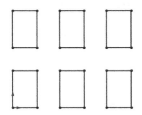

图 3-70　设置线性阵列属性　　　　图 3-71　线性阵列4条直线草图实体

[3]　在"参数"下，单击【反向】按钮 。在图形区域中拖动选择点 选取除了草图原点之外的阵列中心。此外，可在中心点 X 和中心点 Y 中设定数值。设置间距以指定阵列中的总度数。选择等间距以排成实例彼此间距相等的阵列。选择半径尺寸显示圆周阵列半径。选择标注间距以显示阵列实例之间的尺寸。设置阵列实例的数量 。选择显示实例记数以显示阵列中的实例数。设置半径 以指定阵列的半径。设置【圆弧角度】以指定从所选实体的中心到阵列的中心点或顶点的夹角。

[4]　单击【确定】按钮 。

【例 3-15】　圆周阵列圆草图操作

[1]　打开初始文件 "Z3L7.prt"，编辑草图，草图如图 3-72 所示。

[2]　单击 CommandManager 中的【草图】，在弹出工具 中选择【圆周草图阵列工具】，打开圆周阵列操控板。

[3]　在 PropertyManager 中，在"要阵列的实体"下选择要阵列的圆草图实体，如图 3-73 所示。

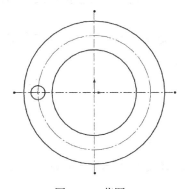

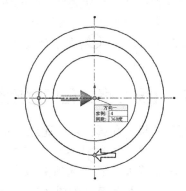

图 3-72　草图　　　　　　　　　图 3-73　选择要阵列的圆草图实体

[4] 设置阵列实例的数量 ❀ 为 "4"，设置间距 ⌐ 以指定阵列中的总度数为 "360 度"，选择等间距。设置圆周草图阵列属性如图 3-74 所示。

[5] 单击【确定】按钮 ✅ ，圆周阵列圆草图实体如图 3-75 所示。

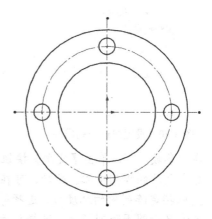

图 3-74　设置圆周草图阵列属性　　　　　　图 3-75　圆周阵列圆草图实体

3.2　草图的尺寸标注

使用智能尺寸工具给 2D 或 3D 草图实体标注尺寸。可在智能尺寸工具激活时拖动或删除尺寸。尺寸类型由所选择的草图实体所决定。对某些类型的尺寸标注（点到点、角度、圆），放置尺寸的位置也会影响所添加的尺寸类型。

草图实体绘制和编辑后，草图已经具备所需的形状，进一步工作就是定量地确定各个草图实体尺寸和相互的尺寸关系。SolidWorks 2014 具有尺寸驱动功能，根据指定尺寸和几何关系更改尺寸来智能改变尺寸和形状。

SolidWorks 2014 应用程序有数种与尺寸和几何关系关联的自动工具，可以完全定义草图和解出过定义草图。

3.2.1　尺寸格式和尺寸属性

改变尺寸格式和属性可以通过尺寸标注选项来设置。

[1] 单击【新建】/【零件】/【确定】，新建一个零件文件。

[2] 单击【工具】/【选项】/【文件属性】/【尺寸】，改变尺寸标注选项以满足要求，设置尺寸标注属性如图 3-76 所示。

[3] 单击【确定】按钮 确定 。

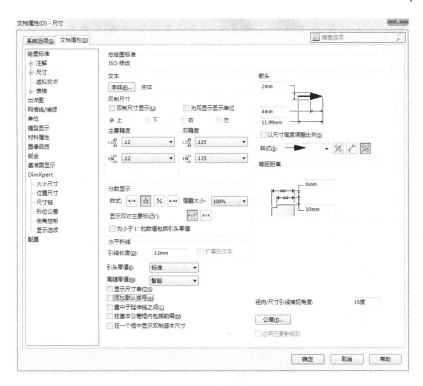

图 3-76　尺寸标注属性设置

3.2.2　尺寸的标注方法

单击 CommandManager 中的【草图】，其中智能尺寸工具下拉
菜单就包含了 7 种标注尺寸命令类型，如图 3-77 所示。另外，可以
通过在尺寸/几何关系工具栏上标注尺寸命令，或在菜单中的【工具】
/【标注尺寸】下标注尺寸命令。尺寸/几何关系工具栏如图 3-78 所示。
菜单中的标注尺寸命令如图 3-79 所示。

图 3-77　标注尺寸命令类型

图 3-78 尺寸/几何关系工具栏　　　　　图 3-79　菜单中的标注尺寸命令

1．给草图或工程图添加尺寸

尺寸类型由所选择的草图实体所决定。对某些类型的尺寸标注，放置尺寸的位置也会影
响所添加的尺寸类型。

给草图或工程图添加尺寸操作过程如下。

[1]　单击 CommandManager 中的【草图】/【智能尺寸】按钮或其他尺寸标注按钮。

或单击尺寸/几何关系工具栏上的【智能尺寸】按钮 ✓ 或其他尺寸标注按钮。或单击【工具】/【标注尺寸】/【智能尺寸】命令或其他命令。

[2] 选择要标注尺寸的项目。移动指针时，尺寸标注会自动捕捉到最近的方位。

[3] 单击以放置尺寸。

[4] 在尺寸属性操控板中，可指定尺寸的显示。尺寸属性操控板如图 3-80 所示。

[5] 单击【确定】按钮 ✓。

图 3-80　尺寸属性操控板

尺寸属性操控板中主要选项说明如下。

1)"样式"选项区

- 将默认属性应用到所选尺寸 ⬚。将所选尺寸重设到文件默认。
- 添加或更新常用样式 ⬚。打开添加或更新常用尺寸对话框。
- 删除常用样式 ⬚。从文件中删除所选常用尺寸。
- 保存常用样式 ⬚。打开另存为对话框，使用 Favorite（.sldfvt）为保存现有常用尺寸的默认文件类型。
- 装入常用样式 ⬚。打开对话框，使用 Favorite（.sldfvt）为激活的文件类型。可使用 Ctrl 或 Shift 选择多个文件。
- 设定当前样式。从清单中选择一个常用尺寸样式来应用到所选的尺寸，或删除或保存常用尺寸。

2)"公差/精度"选项区

- 公差类型 ⬚。从清单中选择无、基本的、双边的、套合等。清单为动态。

- 单位精度 。为尺寸值从清单的小数点后选择数码数。
- 公差精度。为公差值在小数点后选择数码数。
- 最大变化 ✛。键入一个值。
- 最小变化 ━。键入一个值。

3）"主要值"选项区

- 名称。显示所选尺寸的名称。
- 尺寸值。显示尺寸数值，可以更改此值。

4）"标注尺寸文字"选项区

- 文字。尺寸自动出现在中央文字框，由<DIM>表示。将指针放置在文字框中任何地方来插入文字。如果删除<DIM>，可通过单击添加数值来重新插入数值。
- 对齐。可水平对齐文字，可竖直对齐文字。
- 符号。单击在想插入符号的地方放置指针。单击一个符号图标（为直径、度数等）或单击更多以访问符号库。符号会以其在文字框中的名称来表示，但实际的符号则会出现在图形区域中。

5）"尺寸界线/引线显示"选项区

- 放置。可单击外面、里面、智能、指引的引线。
- 样式。从清单中选择一个箭头样式。默认的样式为尺寸标注标准所指定的样式（ISO、ANSI 等）。

6）"引线/尺寸线样式"选项区

- 引线样式。引线样式下拉列表中包含程序提供的引线样式选项。
- 引线粗度。引线粗度下拉列表中包含程序提供的引线线型粗细。

7）"其他"选项区

- 长度单位。长度单位下拉列表中包含了程序提供的英制和公制单位。
- 使用文档字体。勾选此选项，将使用程序默认的字体样式。不勾选，可以自定义设置字体样式。
- 字体。单击此按钮，弹出"选择字体"对话框，可以为标注文字设置自定义的字体样式。

【例3-16】草图标注尺寸操作

[1] 打开初始文件"Z3L8.prt"，编辑草图，草图如图3-81所示。

[2] 单击 CommandManager【草图】中的【智能尺寸】按钮，指针变成。

[3] 圆草图标注尺寸如图3-82所示。

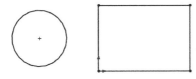

图3-81　草图

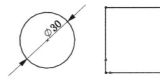

图3-82　圆草图标注尺寸

[4] 矩形草图标注尺寸如图3-83所示。

[5] 右击绘图区域空白处，弹出的快捷菜单，如图3-84所示。单击【完全定义草图】，完全定义后的草图如图3-85所示。

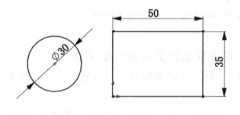

图 3-83　矩形草图标注尺寸

图 3-84　弹出的快捷菜单

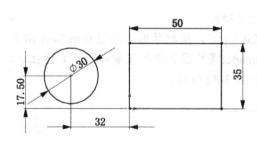

图 3-85　完全定义后的草图

3.3　草图的几何关系

草图的几何关系是草图实体之间，或草图实体与基准面、基准轴、边线或顶点之间的几何约束，可以自动或手动添加几何关系。

在 SolidWorks 2014 中，2D 或 3D 草图里草图实体和模型几何体之间的几何关系是设计意图中一项重要创建手段。

3.3.1 草图的状态

草图中每一条线如果都是黑色的就是完全定义了，如果是蓝色就是欠定义，如果是黄色或红色就是过定义或冲突了。只要定义草图的大小和位置，草图就是完全定义了。

草图的状态显示于 SolidWorks 窗口底端的状态栏上。草图可能处于以下 5 种状态中的任何一种。

- 完全定义。草图中所有的直线、曲线及其位置均由尺寸或几何关系或两者同时定义，颜色为黑色。
- 过定义。有些尺寸、几何关系或两者处于冲突中或多余，颜色为红色。
- 欠定义。草图中的一些尺寸或几何关系未定义，可以随意改变。可以拖动端点、直线或曲线，直到草图实体改变形状，颜色为蓝色。
- 无法找到解。草图未解出，显示导致草图不能解出的几何体、几何关系和尺寸，颜色为粉红色。
- 发现无效的解。草图虽解出但会导致无效的几何体，如零长度线段、零半径圆弧或自相交叉的样条曲线，颜色为黄色。

3.3.2 添加几何关系

可以在草图实体之间，或在草图实体与基准面、轴、边线、顶点之间生成几何关系。

可以用下列方法添加几何关系。

- 在绘制时，允许 SolidWorks 2014 应用程序自动添加几何关系。自动添加几何关系依赖于推理、指针显示或草图捕捉和快速捕捉。
- 在绘制完毕后，使用【添加几何关系】┗手工添加几何关系，或使用【显示/删除几何关系】◢编辑现有几何关系。

推理线与指针、草图捕捉及几何关系合用以图形显示草图实体如何相互影响。

- 推理线。推理线是在绘图时出现的虚线。当指针接近高亮显示的提示时，推理线相对于现有草图实体进行引导。
- 指针。指针显示表示什么时候指针位于几何关系（如交叉）上，什么工具为激活状态（直线或圆）及尺寸数值显示（圆弧的角度和半径）。如果指针显示一个几何关系，如水平几何关系，则几何关系自动添加到实体。
- 草图捕捉。草图捕捉在默认情况下为打开。当绘制草图时，草图捕捉图标显示。若想消除选择草图捕捉，单击【工具】/【选项】/【系统选项】/【几何关系/捕捉】，然后选择消除激活捕捉。
- 几何关系。除了草图捕捉外，可显示代表草图实体之间几何关系的图标。当绘制草图时，实体显示代表草图捕捉的图标。一旦单击来标志草图实体已完成，几何关系将显示。若想显示几何关系，选择【视图】/【草图几何关系】。

选择或消除自动添加几何关系的操作步骤如下。

- 单击菜单【工具】/【草图设定】/【自动添加几何关系】。
- 或单击【选项】/【系统选项】/【几何关系/捕捉】，然后选择【自动几何关系】。系统选项设置如图 3-86 所示。

当绘制草图时，指针更改形状为显示可生成那些几何关系。当自动添加几何关系被选时，将添加几何关系。

图 3-86　系统选项设置

绘制直线草图过程中，自动添加几何关系时几种常见几何关系的指针形状如图 3-87 所示。

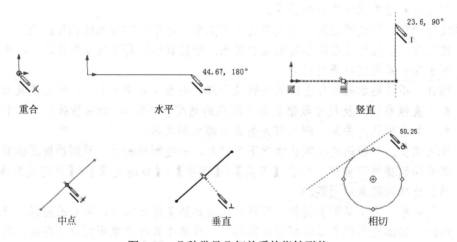

图 3-87　几种常见几何关系的指针形状

用户在绘制草图过程中，一般程序会自动添加其几何约束关系。但是当"自动添加几何关系"的选项（系统选项）未被设置时，这就需要用户手动添加几何约束关系。

用户可通过以下方式来执行手动添加几何关系命令。

- 单击 CommandManager 中的【草图】，并选择【添加几何关系工具】。
- 单击尺寸/几何关系工具栏上的【添加几何关系工具】按钮 ⊥。
- 单击菜单栏中【工具】/【几何关系】/【添加】。

- 右击绘图区域空白处，在弹出的对话框中选择【添加几何关系】。

执行"添加几何关系"命令后，打开添加几何关系属性控制板，如图3-88所示。

添加几何关系属性控制板中主要选项说明如下。

- 已选择对象。显示所选草图实体的名称，通过在图形区域中选择实体来将实体添加到清单中。
- 几何关系⊥。显示所选草图实体现存的几何关系。
- 信息 ⓘ。显示所选草图实体的状态（完全定义、欠定义等）。
- 添加几何关系。将几何关系添加到清单中的所选实体。

所选的草图实体不同，则"添加几何关系"操控板中的几何关系选项也会不同。几何关系选择的实体及所产生几何关系的特点见表3-1。

图3-88　几何关系属性控制板

表3-1　几何关系选择的实体及所产生几何关系的特点

几何关系	要选择的实体	所产生的几何关系
水平或竖直	一条或多条直线，或两个或多个点	直线会变成水平或竖直（由当前草图的空间定义），而点会水平或竖直对齐
共线	两条或多条直线	项目位于同一条无限长的直线上
全等	两个或多个圆弧	项目会共用相同的圆心和半径
垂直	两条直线	两条直线相互垂直
平行	两条或多条直线，3D草图中一条直线和一基准面	项目相互平行，直线平行于所选基准面
与YZ	3D草图中一条直线和一基准面（或平面）	直线相对于所选基准面与YZ基准面平行
与ZX	3D草图中一条直线和一基准面（或平面）	直线相对于所选基准面与ZX基准面平行
沿Z	3D草图中一条直线和一基准面（或平面）	直线与所选基准面的面正交
相切	一圆弧、椭圆样条曲线，以及一直线或圆弧	两个项目保持相切
同轴心	两个或多个圆弧，或一个点和一个圆弧	圆弧共用同一圆心
中点	两条直线或一个点和一直线	点保持位于线段的中点
交叉	两条直线和一个点	点位于直线、圆弧或椭圆上
重合	一个点和一直线、圆弧或椭圆	点位于直线、圆弧或椭圆上
相等	两条或多条直线，或两个或多个圆弧	直线长度或圆弧半径保持相等
对称	一条中心线和两个点、直线、圆弧或椭圆	项目保持与中心线相等距离，并位于一条与中心线垂直的直线上
固定	任何实体	草图曲线的大小和位置被固定。然而，固定直线的端点可以自由地沿其下无限长的直线移动
固定槽口	槽口草图实体	实体的大小和位置被固定
穿透	一个草图点和一个基准轴、边线、直线或样条曲线	草图点与基准轴、边线或曲线在草图基准面上穿透的位置重合。穿透几何关系用于使用引导线扫描
合并点	两个草图点或端点	两个点合并成一个点
两倍距离	一条中心线和任何草图实体	草图实体以从中心线的两倍距离标注尺寸

续表

几何关系	要选择的实体	所产生的几何关系
相等槽口	两个或多个槽口草图实体	项目具有相同的长度和半径
在边线上	实体的边线	使用转换实体引用工具将实体的边线投影到草图基准面
在平面上	在平面上绘制实体	草图实体位于平面上
曲面切平面	在曲面上绘制实体	草图实体位于曲面上
与面相切	草图实体和实体面	要草图实体和面相切于另一个草图实体和面

3.3.3 显示和删除几何关系

可以使用"显示/删除几何关系"工具将草图中的几何约束保留或删除。用户可通过以下方式来执行显示/删除几何关系操作。

- 单击 CommandManager 中的【草图】/【显示/删除几何关系工具】。
- 单击尺寸/几何关系工具栏上的【显示/删除几何关系工具】按钮。
- 单击菜单栏中【工具】/【几何关系】/【显示/删除】。
- 右击绘图区域空白处,在弹出的对话框中选择【显示/删除几何关系】。

执行"显示/删除几何关系"命令后,打开显示/删除几何关系属性控制板,如图 3-89 所示。

显示/删除几何关系控制板中各选项含义如下。

- 过滤器。指定显示哪些几何关系:全部在此草图、悬空、过定义/未解出、外部、在关联中定义、锁定、断裂、所选实体。
- 几何关系⊥。显示基于所选过滤器的现有几何关系。当从清单中选择一个几何关系时,相关实体的名称显示在实体之下,草图实体在图形区域中高亮显示。
- 信息❶。显示所选草图实体的状态。如果几何关系在装配体关联内生成,状态可以是断裂或锁定。

图 3-89　显示/删除几何关系属性控制板

- 压缩。为当前的配置压缩几何关系。几何关系的名称变成灰暗色,信息状态更改。
- 撤销上次几何关系更改↺。删除或替换上一操作。
- 删除和删除所有。删除所选几何关系,或删除所有几何关系。
- 实体。在几何关系列表中列举每个所选草图实体。
- 拥有者。显示草图实体所属的零件。
- 装配体。为外部模型中的草图实体显示几何关系所生成的顶层装配体名称。
- 替换。单击此按钮,可将选择的草图曲线替换另一草图曲线。

3.3.4 完全定义草图

在使用草图生成特征前,SolidWorks 2014 无须完全标注或定义草图。然而,在考虑零件完成之前，应该完全定义草图。

将 SolidWorks 2014 应用程序计算的尺寸和几何关系应用到完全定义草图或所选的草图实体。

完全定义草图的操作步骤如下。

[1]　在打开的草图中，单击 CommandManager 中的【草图】/【完全定义草图工具】，或单击尺寸/几何关系工具栏上的【完全定义草图工具】按钮 ，或单击【工具】/【标准尺寸】/【完全定义草图】，或右击绘图区域空白处，在弹出的快捷菜单中单击完全定义草图。

[2]　在完全定义草图属性控制板中设定几何关系和尺寸的选项，完全定义草图属性控制板如图 3-90 所示。

[3]　单击【确定】按钮 。

图 3-90　完全定义草图属性控制板

完全定义草图属性控制板中主要选项说明如下。

1）"要完全定义的实体"选项区

- 草图中的所有实体。通过应用几何关系和尺寸的组合来完全定义草图。
- 所选实体。只将几何关系和尺寸应用到为"要完全定义的实体"选择的特定草图实体。
- 计算。分析草图并生成适当的几何关系和尺寸。

2）"几何关系"选项区

- 选择所有。在结果中包括所有几何关系。
- 取消选择所有。在结果中省略所有几何关系。
- 单独几何关系。在结果中包括或排除这些几何关系。例如， 包括水平几何关系， 排除水平几何关系。

3）"尺寸"选项区

- 水平尺寸方案和竖直尺寸方案。可以选择基准尺寸、链、尺寸链。
- 水平 。"竖直模型边线、模型顶点、竖直线或点"尺寸的基准。

- 竖直⬚。"水平模型边线、模型顶点、水平线或点"尺寸的基准。
- 尺寸放置。插入尺寸在草图之上、草图之下、草图右侧或草图左侧。

【例 3-17】 绘制草图和完全定义草图操作

[1] 打开初始文件 "Z3L9.prt"，编辑草图，草图如图 3-91 所示。

[2] 单击 CommandManager 中【草图】/【智能尺寸】按钮❖，指针变成➰。

[3] 草图标注尺寸如图 3-92 所示。

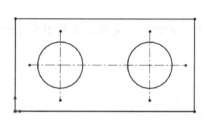

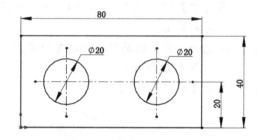

图 3-91　草图　　　　　　　　　　　　　图 3-92　草图标注尺寸

[4] 单击尺寸/几何关系工具栏上的【完全定义草图工具】按钮，打开完全定义草图操控板。

[5] 在完全定义草图属性操控板中，在"所选实体"要完全定义的实体选择两条中心线，水平尺寸方案和竖直尺寸方案选择"基准"，水平尺寸⬚的基准选择原点，竖直尺寸⬚的基准选择原点，尺寸放置选择"在草图之下"和"草图左侧"。设置完全定义草图属性操控板如图 3-93 所示。

[6] 单击【确定】按钮。完全定义后的草图如图 3-94 所示。

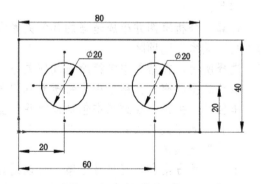

图 3-93　设置完全定义草图属性操控板　　　　　图 3-94　完全定义后的草图

3.4 综合实例——燕尾槽平面草图设计

设计要求

通过绘制燕尾槽平面草图来熟练掌握草图实体绘制、尺寸标注和添加几何关系的一些基本操作。燕尾槽平面草图如图 3-95 所示。

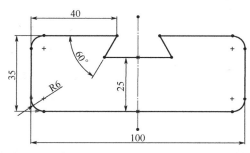

图 3-95 燕尾槽平面草图

设计思路

（1）对燕尾槽平面草图的图形特点进行分析。

（2）草图的基本图形由直线和中心线组成，绘制时一般先绘制基本图形。

（3）绘制圆角。

（4）标注草图尺寸。

（5）镜向草图。

（6）草图添加几何关系。

（7）检查草图绘制完成后是否处于完全定义。

燕尾槽平面草图设计过程

[1] 单击【新建】/【零件】/【确定】，新建一个零件文件。

[2] 在前视基准面中绘制草图，如图 3-96 所示。

[3] 单击 CommandManager 草图上的【智能尺寸】按钮 ⟡，指针变成 ⟲。草图标注线性尺寸和角度尺寸如图 3-97 所示。

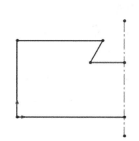

图 3-96 绘制草图

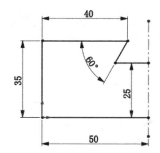

图 3-97 草图标注线性尺寸和角度尺寸

[4] 单击 CommandManager 中的【草图】，在圆角 ⟋ 弹出工具中选择【圆角工具】，打开圆角操控板。

[5] 为每个圆角选择草图实体，在圆角操控板中设定属性，如图 3-98 所示。

[6] 单击【确定】按钮 ✅ 接受圆角。圆角后的草图如图 3-99 所示。

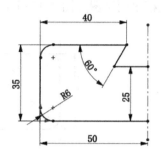

图 3-98　设置圆角属性　　　　　　　　　　　图 3-99　圆角后的草图

[7] 单击 CommandManager 中的【草图】/【镜向实体工具】，在 PropertyManager 中，为要镜向的实体工具 选择草图实体，选择"复制以包括镜向复件和原始草图实体"，为【镜向点】 选择"构造几何线"，设置镜向属性如图 3-100 所示。

[8] 单击【确定】按钮 ✅，镜向草图如图 3-101 所示，草图已经完全定义。

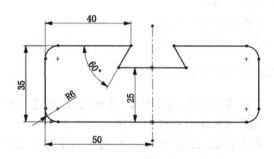

图 3-100　镜向属性设置　　　　　　　　　　　图 3-101　镜向草图

[9] 删除标注尺寸"50"后的草图，如图 3-102 所示，草图欠定义。

[10] 重新标注尺寸"100"后的草图，如图 3-103 所示，草图完全定义。

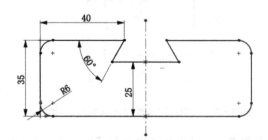

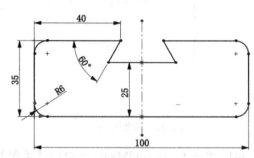

图 3-102　删除标注尺寸"50"后的草图　　　　图 3-103　重新标注尺寸"100"后的草图

3.5 本章小结

利用草图实体绘制基本图形，利用绘制工具完成编辑工作，并为草图标注尺寸和添加几何关系。

一般在绘制草图之前先设置绘图环境,在SolidWorks 2014草图绘制时要养成一些良好的习惯。草图绘图要点如下。

（1）每一个草图实体都包括定形尺才和定位尺寸。绘制草图实体时首先确定定位尺寸（尺寸基准）。

（2）尺寸基准是标注尺寸的起点，尺寸基准一般以图形的对称线、较大圆的中心线或主要轮廓线作为基准线。

（3）定形尺寸可以确定各基本形体大小和尺寸，用来确定图形中各线段形状大小的尺寸。

（4）定位尺寸可以确定各基本形体之间相对位置的尺寸，用来确定平面图形中各线段之间相对位置的尺寸。

（5）图形中标注的尺寸必须能唯一地确定图形的形状和大小，既不遗漏也不多余。

（6）机械制图图形标注尺寸的方法和步骤：先在水平及铅垂方向各选定尺寸基准，由此出发标注尺寸。确定图形中各线段的性质，即哪些是已知线段、中间线段、连接线段。按已知线段、中间线段、连接线段的次序逐个标注尺寸。

3.6 思考与练习

1．思考题

（1）常用的草图绘制工具有哪些？怎样操作？

（2）怎样进行草图标注尺寸？

（3）简述草图添加尺寸操作过程？

（4）什么是草图几何关系？

（5）如何添加几何关系？

（6）什么是过定义草图？如何修复？

（7）如何切换草图几何关系的显示？

2．练习题

（1）绘制平面图形，如图 3-104 所示。绘制草图，并标注尺寸。

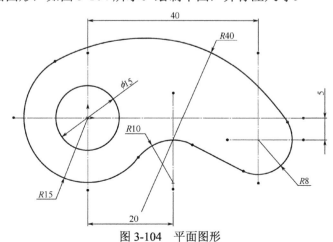

图 3-104　平面图形

（2）如图 3-105 所示，草图由圆弧、直线和中心线所构成，圆弧和直线相切，图形对称于中心线。要求绘制草图，标注草图尺寸。

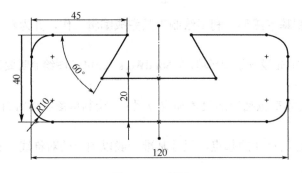

图 3-105　草图

（3）草图如图 3-106 所示。要求绘制草图，标注草图尺寸。

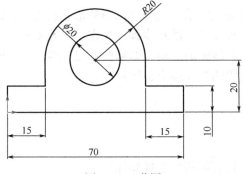

图 3-106　草图

第4章　实体特征建模

本章介绍 SolidWorks 2014 实体基础特征建模和编辑实体特征。特征是各种单独的加工形状，当将它们组合起来时就形成各种零件。

通过增加材料基础特征建模或去除材料基础特征建模获得实体基础特征，对实体基础特征可以进行编辑操作。

4.1　增加材料基础特征建模

特征包括多实体零件功能，可在同一零件文档中包括单独的拉伸、旋转、放样或扫描特征。有些特征是由草图生成的；有些特征（如抽壳或圆角）在选择适当的工具或菜单命令，然后定义所需的尺寸或特性时而生成。可使用同一草图来生成不同的特征。

增加材料基础特征建模是最基本的 3D 建模方式，用于完成基础特征建模工作。

4.1.1　拉伸凸台/基体

拉伸特征由截面轮廓草图通过拉伸得到。拉伸凸台/基体是以一个或两个方向拉伸草图或绘制的草图轮廓来生成实体。在基体特征中，大部分基体特征为拉伸。

生成拉伸特征的操作步骤如下。

[1] 生成草图。

[2] 单击 CommandManager 中特征【凸台-拉伸】按钮，或单击特征工具栏上的【凸台-拉伸】按钮，或单击菜单【插入】/【凸台/基体】/【拉伸】选项，打开拉伸凸台/基体操控板，如图 4-1 所示。

图 4-1　拉伸凸台/基体操控板

[3] 设定 PropertyManager 选项。

[4] 单击【确定】按钮 ✅。

拉伸凸台/基体操控板中功能选项的说明如下。

- 从：该选项区用于设定拉伸特征的开始条件。开始条件下拉列表中包括 4 种开始条件。草图基准面：从草图所在的基准面开始拉伸。曲面/面/基准面：从这些实体之一开始拉伸，为曲面/面/基准面 ◈ 选择有效的实体，实体可以是平面或非平面，平面实体不必与草图基准面平行。顶点：从为顶点 ▣ 选择的顶点开始拉伸。等距：从与当前草图基准面等距的基准面上开始拉伸。

- 方向 1：决定特征延伸的方式。设定终止条件类型，如有必要，单击【反向】按钮 ↗，以具有与预览中所示相反方向的延伸特征。给定深度：设定深度 ✎。完全贯穿：从草图的基准面拉伸特征直到贯穿所有现有的几何体。成形到顶点：在图形区域中为顶点 ▣ 选择一个顶点。成形到下一面：在图形区域中为面/平面 ◈ 选择一个要延伸到的面或基准面。到离指定面指定的距离：在图形区域中选择一个面或基准面作为面/平面 ◈，然后输入深度 ✎。成形到实体：在图形区域选择要拉伸的实体作为实体/曲面实体 ☞，在装配件中拉伸时可以使用成形到实体，以延伸草图到所选的实体。

- 拉伸方向 ↗：在图形区域中选择方向向量以垂直于草图轮廓的方向拉伸草图。

- 合并结果：如有可能，将所产生的实体合并到现有实体。如果不选择，特征将生成一个不同实体。

- 拔模开/关 ◈：新增拔模到拉伸特征，设定拔模角。如必要，请选择向外拔模。

- 方向 2：设定这些选项以同时从草图基准面往两个方向拉伸，这些选项和方向 1 相同。

- 薄壁特征：使用薄壁特征选项以控制拉伸厚度（不是深度 ✎）。

- 类型：设定薄壁特征拉伸的类型。单向：设定从草图以一个方向（向外）拉伸的厚度 ✎。两侧对称：设定以两个相等方向从草图拉伸的厚度 ✎。双向：设定不同的拉伸厚度，即方向 1 厚度 ✎ 和方向 2 厚度 ✎。

- 所选轮廓 ◇：允许使用部分草图从开放或闭合轮廓创建拉伸特征。在图形区域中选择草图轮廓和模型边线。

【例 4-1】 建立圆柱凸台模型

[1] 单击【新建】/【零件】/【确定】，新建一个零件文件。

[2] 单击 FeatureManager 设计树中前视基准面。

[3] 单击草图工具栏上的【周边圆工具】按钮 ⊕，绘制直径 φ17.60 的圆草图，如图 4-2 所示。

[4] 单击特征工具栏上的【凸台-拉伸】按钮 ▣，打开拉伸凸台/基体操控板。

[5] 设置拉伸凸台/基体属性，在"从"中选择"草图基准面"，在"方向 1"中选择"给定深度"，在深度 ✎ 中输入"6.40mm"，如图 4-3 所示。

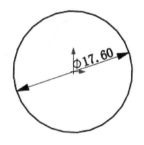

图 4-2　绘制圆草图

[6] 预览圆柱凸台模型的拉伸凸台/基体，如图 4-4 所示。

[7] 单击【确定】按钮 ✅，生成圆柱凸台模型，如图 4-5 所示。

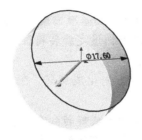

图 4-3 设置拉伸凸台/基体属性　　　图 4-4　拉伸凸台/基体　　　图 4-5　圆柱凸台模型

4.1.2　旋转凸台/基体

旋转凸台/基体命令是绕轴心旋转一个草图或所选草图轮廓来生成一个实体特征。旋转通过绕中心线旋转一个或多个轮廓来添加或移除材料，可以生成凸台/基体、旋转切除或旋转曲面。旋转特征可以是实体、薄壁特征或曲面。

生成旋转特征的操作步骤如下。

[1]　生成一个草图，包含一个或多个轮廓和一中心线、直线或边线，以用来作为特征旋转所绕的轴。

[2]　单击 CommandManager 中特征【旋转】按钮⚲，或单击特征工具栏上的【旋转】按钮⚲，或单击菜单【插入】/【凸台/基体】/【旋转】选项，打开旋转操控板，如图 4-6 所示。

[3]　在 PropertyManager 中设定选项。

[4]　单击【确定】按钮◿。

图 4-6　旋转操控板

如果先执行旋转命令，则进入草图模式绘制草图，生成一个草图，包含一个或多个轮廓和一中心线、直线或边线，以用来作为特征旋转所绕的轴。

旋转凸台/基体操控板中功能选项的说明如下。

- 旋转参数：设定旋转参数。
- 【旋转轴】：根据所生成旋转特征的类型，如中心线、直线或一边线，选择一个特征旋转所绕的轴。
- 方向1：定义旋转特征为从草图基准面向一个方向。
- 旋转类型：相对于草图基准面设定旋转特征的终止条件，如有必要，单击【反向】按钮来反转旋转方向。
- 给定深度：从草图以单一方向生成旋转，在方向1角度中设定由旋转所包容的角度。
- 成形到顶点：从草图基准面生成旋转到在顶点中所指定顶点。
- 成形到面：从草图基准面生成旋转到在面/基准面中所指定曲面。
- 到离指定面指定的距离：从草图基准面生成旋转到在面/基准面中所指定曲面的指定等距。在深度中设定等距。必要时，选择反向等距以便以反方向等距移动。
- 两侧对称：从草图基准面以顺时针和逆时针方向生成旋转，草图基准面位于旋转方向1角度的中央。
- 方向2：在完成了方向1后，选择方向2以从草图基准面的另一方向定义旋转特征，设定选项和方向1相同。
- 角度：定义旋转所包罗的角度，默认的角度为"360度"，角度以顺时针从所选草图测量。
- 薄壁特征：选择薄壁特征并设定这些选项。
- 类型：定义厚度的方向。单向：从草图以单一方向添加薄壁体积。如有必要，单击【反向】按钮来反转薄壁体积添加的方向。两侧对称：以草图为中心，在草图两侧均等应用薄壁体积来添加薄壁体积。双向：在草图两侧添加薄壁体积，方向1厚度从草图向外添加薄壁体积，方向2厚度从草图向内添加薄壁体积。
- 方向1厚度：为单向和两侧对称薄壁特征旋转设定薄壁体积厚度。
- 所选轮廓：在图形区域中选择轮廓来生成旋转。

【例4-2】 建立轴实体模型

[1] 打开初始文件 "Z4L1.prt" 中的草图，如图4-7所示。

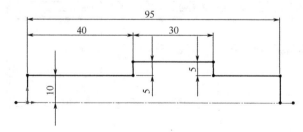

图4-7 草图

[2] 单击特征工具栏上的【旋转】按钮，弹出询问对话框，如图4-8所示，单击"是"按钮，打开旋转凸台/基体操控板。

[3] 设置旋转属性，在"旋转轴"的旋转轴中选择"直线17"，在"方向1"的旋转

类型中选择"给定深度"，方向1【角度】 中输入"360.00度"，如图4-9所示。

图4-8　询问对话框　　　　　　　　　　图4-9　设置旋转属性

[4]　预览旋转模型，如图4-10所示。

[5]　单击【确定】按钮 ，生成旋转轴，如图4-11所示。

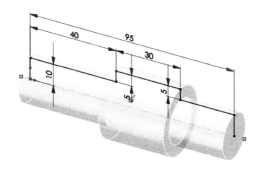

图4-10　预览旋转模型

图4-11　生成旋转轴

4.1.3　扫描

扫描命令是沿开环或闭合路径通过扫描闭合轮廓来生成实体模型。扫描通过沿着一条路径移动轮廓（截面）来生成基体、凸台、切除或曲面。

扫描命令遵循以下规则。

- 对于基体或凸台，扫描特征轮廓必须是闭环的；对于曲面扫描特征轮廓，则可以是闭环的，也可以是开环的。
- 路径可以为开环或闭环。
- 路径可以是一张草图、一条曲线或一组模型边线中包含的一组草图曲线。
- 路径必须与轮廓的平面交叉。
- 不论是截面、路径还是所形成的实体，都不能出现自相交叉的情况。
- 引导线必须与轮廓或轮廓草图中的点重合。

生成扫描特征的操作步骤如下。

[1]　在基准面或面上绘制一个闭环的非相交轮廓。

[2]　生成轮廓将遵循的路径，使用草图、现有的模型边线或曲线。

[3]　单击 CommandManager 中的【扫描1】按钮 ，或单击特征工具栏上的【扫描】按

钮 ⑤，或单击菜单【插入】/【凸台/基体】/【扫描】选项，打开扫描操控板，如图 4-12 所示。

[4] 在 PropertyManager 中，为轮廓 ⑧ 在图形区域中选择一个草图，为路径 ⊂ 在图形区域中选择一个草图。

[5] 设定其他 PropertyManager 选项。

[6] 单击【确定】按钮 ⑳。

图 4-12 扫描操控板

扫描操控板中功能选项的说明如下。

- 轮廓和路径。设置扫描的轮廓和路径。
- 轮廓 ⑧。设定用来生成扫描的草图轮廓（截面）。在图形区域中或 FeatureManager 设计树中选取草图轮廓。
- 路径 ⊂。设定轮廓扫描的路径。在图形区域或 FeatureManager 设计树中选取路径草图。路径可以是开环或闭合的，包含在草图中的一组绘制的曲线、一条曲线或一组模型边线。路径的起点必须位于轮廓的基准面上。
- 选项。设置扫描的选项。在下拉选项中有 4 个选项：方向/扭转控制、路径对齐类型、合并切面和显示预览。
- 方向/扭转控制。用于控制轮廓 ⑧ 在沿路径 ⊂ 扫描时的方向。选项有随路径变化、保持法向不变、随路径和第一引导线变化、随第一和第二引导线变化、沿路径扭转、以法向不变沿路径扭曲。
- 路径对齐类型。在随路径变化中选定方向/扭转类型时可用。当路径上出现少许波动和不均匀波动，使轮廓不能对齐时，可以将轮廓稳定下来。路径对齐类型包括无、最小扭转（只对于 3D 路径）、方向向量、所有面。
- 合并切面。如果扫描轮廓具有相切线段，可使所产生的扫描中的相应曲面相切。保持相切的面可以是基准面、圆柱面或锥面。其他相邻面被合并，轮廓被近似处理。草图圆弧可以转换为样条曲线。
- 显示预览。显示扫描的上色预览，消除选择以只显示轮廓和路径。
- 引导线。在图形区域中选择轮廓来生成旋转。

- 引导线 =。在轮廓沿路径扫描时加以引导。在图形区域选择引导线。
- 上移 ⬆ 和下移 ⬇。调整引导线的顺序，选择一条引导线 = 并调整轮廓顺序。
- 合并平滑的面。消除以改进带引导线扫描的性能，并在引导线或路径不是曲率连续的所有点处分割扫描。因此，引导线中的直线和圆弧会更精确地匹配。
- 显示截面 ⬢：显示扫描的截面。
- 起始处/结束处相切。设置起始处相切类型和结束处相切类型，"无"表示没应用相切，"路径相切"表示垂直于开始点路径而生成扫描。

【例4-3】 建立O形圈模型

[1] 单击【新建】/【零件】/【确定】，新建一个零件文件。

[2] 在上视基准面上绘制草图，如图 4-13 所示。在前视基准面上绘制草图，如图 4-14 所示。

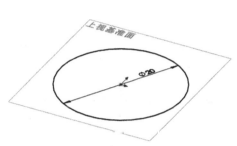

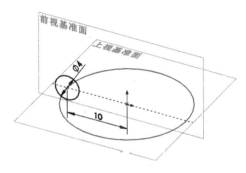

图 4-13　上视基准面上绘制草图　　　　图 4-14　前视基准面上绘制草图

[3] 单击 CommandManager 中的【扫描1】按钮 ⬢，出现扫描操控板。

[4] 设置扫描属性，在"轮廓和路径"下，轮廓 ⬢ 中选择"草图2"，路径 ⊂ 中选择"草图1"，在"选项"下的"方向/扭转控制"中选择"随路径变化"，选择"显示预览"，如图 4-15 所示。

[5] 预览扫描模型，如图 4-16 所示。

[6] 单击【确定】按钮 ⬢，生成O形圈模型，如图 4-17 所示。

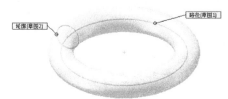

图 4-15　设置扫描属性　　　　图 4-16　扫描模型预览　　　　图 4-17　生成O形圈模型

4.1.4 放样凸台/基体

放样凸台/基体命令是在两个或多个轮廓之间添加材质来生成实体特征。放样通过在轮廓之间进行过渡生成特征。放样可以是基体、凸台、切除或曲面。可以使用两个或多个轮廓生成放样，仅第一个或最后一个轮廓可以是点，也可以这两个轮廓均为点。

生成放样特征的操作步骤如下。

[1]   单击 CommandManager 中的【放样】按钮 ⬡，或单击特征工具栏上的【放样】按钮 ⬡，或单击菜单【插入】/【凸台/基体】/【放样】选项，打开放样操控板，如图 4-18 所示。

[2]   在 PropertyManager 中设定选项。

[3]   单击【确定】按钮 ✓。

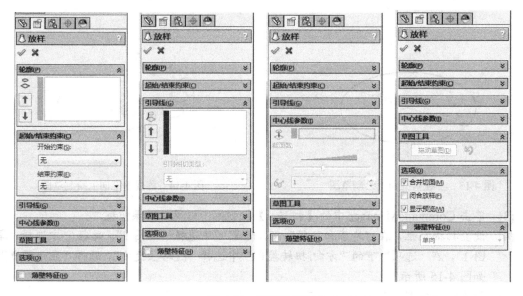

图 4-18   放样操控板

放样操控板中各选项的含义如下。

* 轮廓。设置放样轮廓。
* 轮廓 ⬡。决定用来生成放样的轮廓。选择要连接的草图轮廓、面或边线。放样根据轮廓选择的顺序而生成。
* 轮廓上移 ⬆ 和下移 ⬇。调整轮廓的顺序。选择轮廓 ⬡ 并调整轮廓顺序。
* 起始/结束约束。应用约束以控制开始和结束轮廓的相切。
* 开始约束。应用约束以控制开始轮廓的相切，包括默认、无、方向向量、垂直于轮廓。
* 结束约束。应用约束以控制结束轮廓的相切，包括默认、无、方向向量、垂直于轮廓。
* 引导线。设置放样引导线。
* 引导线 ⬡。选择引导线来控制放样。
* 引导线上移 ⬆ 和下移 ⬇。调整引导线的顺序。选择一条引导线 ⬡ 并调整轮廓顺序。
* 引导线相切类型。控制放样与引导线在相遇处相切。引导线相切类型包括无、垂直

于轮廓、方向向量、与面相切。

- 中心线参数。设置中心线参数。
- 中心线 i。使用中心线引导放样形状。
- 截面数。在轮廓之间并绕中心线添加截面。移动滑杆来调整截面数。
- 显示截面⊗。显示放样截面。单击箭头来显示截面。
- 草图绘制工具。使用 SelectionManager 来帮助选取草图实体。
- 拖动草图。激活拖动模式。若想退出拖动模式，再次单击拖动草图或单击 PropertyManager 中的另一个截面列表。
- 撤销草图拖动⤺。撤销先前的草图拖动并将预览返回到其先前状态。
- 选项：设置放样选项。
- 合并切面。如果对应的放样线段相切，则使所生成放样中的对应曲面保持相切。保持相切的面可以是基准面、圆柱面或锥面。其他相邻的面被合并，截面被近似处理。草图圆弧可以转换为样条曲线。
- 闭合放样。沿放样方向生成一个闭合实体。此选项会自动连接最后一个和第一个草图。
- 显示预览。显示放样的上色预览。取消除此选项则只观看路径和引导线。
- 薄壁特征。选择以生成一个薄壁特征扫描。
- 薄壁特征类型。设定薄壁特征放样的类型。单向：使用厚度⟂值以单一方向从轮廓生成薄壁特征，如果需要，请单击反向按钮⤵。两侧对称：从轮廓开始双向生成薄壁特征，并在两个方向上应用同一厚度⟂值。双向：从轮廓以双向生成薄壁特征，为厚度⟂、⟂设定单独数值。

【例4-4】 建立放样模型

[1] 单击【新建】/【零件】/【确定】，新建一个零件文件。

[2] 依次建立距离前视基准面为"20"、"40"和"60"的 3 个平行基准面，如图 4-19 所示。

[3] 在 4 个基准面上分别绘制草图，如图 4-20 所示。

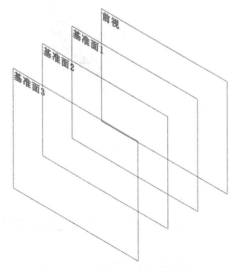

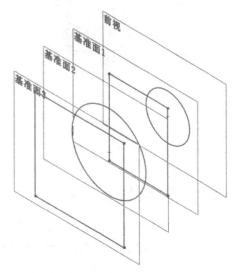

图 4-19　建立 3 个平行基准面　　　　图 4-20　4 个基准面上分别绘制草图

[4] 单击 CommandManager 中的【放样】按钮⟲，出现放样操控板。

[5] 设置放样属性，在"轮廓"中选择"草图 1"、"草图 2"、"草图 3"、"草图 4"，在

"选项"中选择"合并切面"和"显示预览",如图 4-21 所示。

[6] 预览放样模型,如图 4-22 所示。

图 4-21　设置放样属性

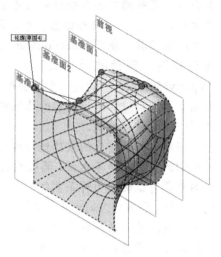

图 4-22　预览放样模型

[7] 单击【确定】按钮 ✅,生成放样模型,如图 4-23 所示。

[8] 隐藏基准面显示后的放样模型如图 4-24 所示。

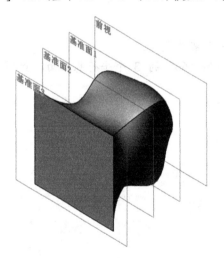

图 4-23　生成放样模型

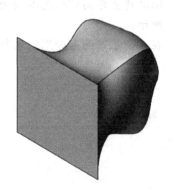

图 4-24　隐藏基准面显示后的放样模型

4.1.5　边界凸台/基体

边界凸台/基体命令是以双向在轮廓之间添加材料来生成实体特征,可以指定草图曲线、边线、面及其他草图实体控制边界特征的形状。

通过边界工具可以得到高质量、准确的特征,这在创建复杂形状时非常有用,特别是在消费类产品设计、医疗、航空航天、模具等领域。

生成边界特征的操作步骤如下。

[1] 单击 CommandManager 中特征【边界】按钮 📷,或单击特征工具栏上的【边界】按

钮 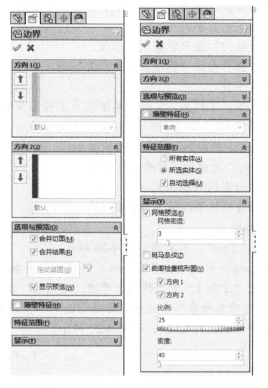，或单击菜单【插入】/【凸台/基体】/【边界】选项，打开边界操控板，如图 4-25 所示。

[2] 在 PropertyManager 中设定选项。

[3] 单击【确定】按钮。

图 4-25　边界操控板

边界操控板中主要功能选项的说明如下。

- 方向 1。从一个方向设置。
- 曲线。确定用于以此方向生成边界特征的曲线。选择要连接的草图曲线、面或边线。边界特征根据曲线选择的顺序而生成。
- 上移和下移。调整曲线的顺序，选择曲线并调整顺序。
- 相切类型。选择无、垂直于轮廓、方向向量、与面相切、与面的曲率之一。
- 拔模角度。应用拔模角度到开始或结束曲线。如果需要，请单击【反向】按钮。
- 方向 2。选项与上述的方向 1 相同。两个方向可以相互交换，无论选择曲线为方向 1 还是方向 2，都可以获得相同的结果。
- 选项与预览。通过选项来预览边界。
- 合并切面。如果对应的线段相切，则会使所生成的边界特征中的曲面保持相切。
- 拖动草图。激活拖动模式。在编辑边界特征时，可从任何已为边界特征定义了轮廓线的 3D 草图中拖动 3D 草图线段、点或基准面。
- 撤销草图拖动。撤销先前的草图拖动并将预览返回到其先前状态。可撤销多个拖动和尺寸编辑。
- 显示预览。显示边界特征的上色预览。清除此选项以便只查看曲线。
- 薄壁特征。选择以生成一个薄壁特征扫描。

- 类型。定义厚度的方向。单向：从草图以单一方向添加薄壁体积。如有必要，单击【反向】按钮 ![反向按钮] 来反转薄壁体积添加的方向。两侧对称：以草图为中心，在草图两侧均等应用薄壁体积来添加薄壁体积。双向：在草图两侧添加薄壁体积，方向 1 厚度 ![] 从草图向外添加薄壁体积，方向 2 厚度 ![] 从草图向内添加薄壁体积。

- 特征范围。选择特征实体条件，包括所有实体、所选实体、自动选择。

- 显示。通过不同的效果显示。

- 网格预览。调整网格的行数来调整网格密度。

- 斑马条纹。可允许查看曲面中标准显示难以分辨的小变化。斑马条纹模仿在光泽表面上反射的长光线条纹。

- 曲率检查梳形图。提供了斜面、零件、装配体及工程图文件中大部分草图实体曲率的直观增强功能。

- 方向 1。切换沿方向 1 的曲率，检查梳形图显示。

- 方向 2。切换沿方向 2 的曲率，检查梳形图显示。

- 比例。调整曲率，检查梳形图的大小。

- 密度。调整曲率，检查梳形图的显示行数。

【例 4-5】 建立边界实体特征

[1] 打开初始文件 "Z4L2.prt"，其草图如图 4-26 所示。

[2] 单击 CommandManager 中的【边界】按钮 ![边界按钮]，出现边界操控板。

[3] 设置边界属性，在 "方向 1" 中选择两个草图 "草图 1" 和 "草图 2"，相切类型中选择 "无"，在 "选项与预览" 中选择 "合并切面" 和 "显示预览"，在 "显示" 中选择 "网格预览" 和 "斑马条纹"，如图 4-27 所示。

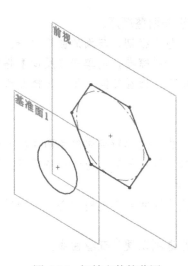

图 4-26　初始文件的草图

图 4-27　设置边界属性

[4] 预览边界实体特征，如图 4-28 所示。

[5] 单击【确定】按钮 ✅ ，生成边界实体特征，如图 4-29 所示。

[6] 隐藏基准面显示后的边界实体特征如图 4-30 所示。

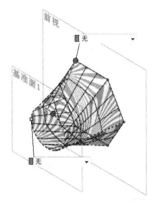  

图 4-28　预览边界实体特征　　图 4-29　生成边界实体特征　　图 4-30　隐藏基准面显示后的边界实体特征

4.2　去除材料基础特征建模

增加材料基础特征建模完成后，可以通过切除-拉伸、切除-旋转、切除-扫描、切除-放样、切除-边界和异形孔向导命令来进行去除材料基础特征建模，进一步建立零件实体模型。

切除是从零件或装配体上移除材料的特征。对于多实体零件，可以使用切除来生成脱节零件，可以控制要保留的零件和要受到切除影响的零件。

4.2.1　切除-拉伸

切除-拉伸命令是以一个或两个方向拉伸所绘制的轮廓来切除一个实体模型。

单击 CommandManager 中特征【切除-拉伸】按钮 ，或单击特征工具栏上的【切除-拉伸】按钮 ，或单击菜单【插入】/【切除】/【拉伸】选项，出现【切除-拉伸】操控板，如图 4-31 所示。

图 4-31　【切除-拉伸】操控板

【例 4-6】 建立螺栓头部模型

[1] 打开初始文件 "Z4L3.prt"，实体模型如图 4-32 所示。

[2] 在实体模型前表面中绘制圆的内接六边形，如图 4-33 所示。

图 4-32　实体模型

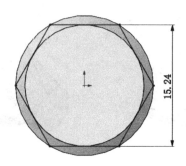

图 4-33　绘制内接六边形

[3] 单击 CommandManager 中特征【切除-拉伸】按钮▣，出现【切除-拉伸】操控板。

[4] 设置切除-拉伸属性，在"从"中选择"草图基准面"，在"方向 1"终止条件中选择"完全贯穿"，选择"反侧切除"，如图 4-34 所示。

[5] 预览切除-拉伸实体特征，如图 4-35 所示。

[6] 单击确定按钮 ✅，生成螺栓头部模型，如图 4-36 所示。

图 4-34　设置切除-拉伸属性

图 4-35　预览切除-拉伸实体特征

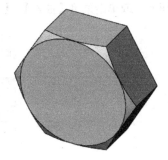

图 4-36　生成螺栓头部模型

4.2.2　切除-旋转

切除-旋转命令是通过绕轴心旋转绘制的轮廓来切除实体模型。

单击 CommandManager 中特征【切除-旋转】按钮⬮，或单击特征工具栏上的【切除-旋转】按钮⬮，或单击菜单【插入】/【切除】/【旋转】选项，出现切除-旋转操控板，如图 4-37 所示。

【例4-7】 建立旋转切除实体特征

[1] 打开初始文件 "Z4L4.prt"，实体模型如图4-38所示。

[2] 单击前导视图工具栏【隐藏/显示项目】/【观阅原点】和【观阅临时轴】，显示原点和临时轴，在上视基准面上绘制草图，如图4-39所示。

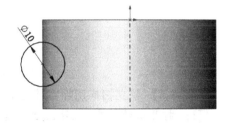

图4-37 切除-旋转操控板 　　　图4-38 实体模型 　　　图4-39 在上视基准面上绘制草图

[3] 单击CommandManager中特征【切除-旋转】按钮🔊，出现切除-旋转操控板。

[4] 设置切除-旋转属性，在"旋转轴"中选择"基准轴"，在"方向1"旋转类型中选择"给定深度"，角度🔲中输入"360.00度"，如图4-40所示。

[5] 预览切除-旋转实体特征，如图4-41所示。

[6] 单击【确定】按钮✅，生成切除-旋转实体，如图4-42所示。

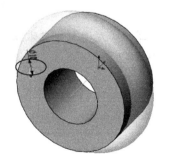

图4-40 设置切除-旋转属性 　　　图4-41 预览切除-旋转实体特征 　　　图4-42 生成切除-旋转实体

4.2.3 切除-扫描

切除-扫描命令是沿开环或闭合路径通过闭合轮廓来切除实体模型。

单击 CommandManager 中的【切除-扫描】按钮🔩，或单击特征工具栏上的【切除-扫描】按钮🔩，或单击菜单【插入】/【切除】/【扫描】选项，出现【切除-扫描】操控板，如图 4-43 所示。

图 4-43　【切除-扫描】扫描切除操控板

【例 4-8】　建立扫描切除实体特征

[1]　打开初始文件 "Z4L5.prt"，实体模型如图 4-44 所示。

[2]　在零件实体模型前面上绘制草图，前视零件实体模型草图如图 4-45 所示。

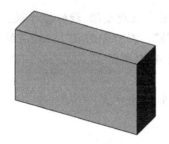

图 4-44　实体模型

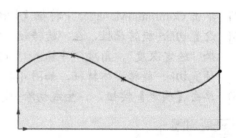

图 4-45　前视零件实体模型草图

[3]　在零件实体模型左侧面上绘制草图，左视零件实体模型草图如图 4-46 所示。在实体模型中，绘制的两个草图如图 4-47 所示。

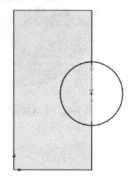

图 4-46　左视零件实体模型草图

图 4-47　绘制的两个草图

[4] 单击 CommandManager 中的【切除-扫描】按钮⛰，出现【切除-扫描】操控板。

[5] 设置切除-扫描属性，在"轮廓和路径"下，在轮廓⚬中选择"草图 3"，在路径⊂中选择"草图 2"，在"选项"方向/扭转控制中选择"以法向不变沿路径扭曲"，如图 4-48 所示。

[6] 预览切除-扫描实体特征，如图 4-49 所示。

[7] 单击【确定】按钮✅，生成切除-扫描实体，如图 4-50 所示。

图 4-48 设置切除-扫描属性

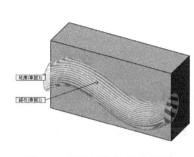

图 4-49 预览切除-扫描实体特征

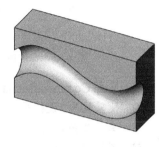

图 4-50 生成切除-扫描实体

4.2.4 切除-放样

切除-放样命令是在两个或多个轮廓之间通过移除材质来切除实体模型。

单击 CommandManager 中的【切除-放样】按钮🔖，或单击特征工具栏上的【切除-放样】按钮🔖，或单击菜单【插入】/【切除】/【放样】选项，出现切除-放样操控板，如图 4-51 所示。

图 4-51 【切除-放样】操控板

【例4-9】 建立放样切除实体特征

[1] 打开初始文件 "Z4L6.prt"，实体模型如图 4-52 所示。

[2] 在前视基准面上绘制草图，如图 4-53 所示。

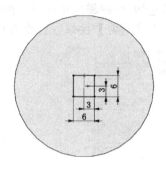

图 4-52　实体模型 　　　　　　　　图 4-53　在前视基准面上绘制草图

[3] 单击 CommandManager 中的【切除-放样】按钮，出现【切除-放样】操控板。

[4] 设置切除-放样属性，在"轮廓"中选择"草图 2"和"边线<1>"，在"选项"中选择"合并切面"和"显示预览"，如图 4-54 所示。

[5] 预览切除-放样实体特征，如图 4-55 示。

[6] 单击【确定】按钮，生成切除-放样实体，如图 4-56 所示。

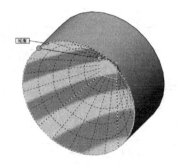
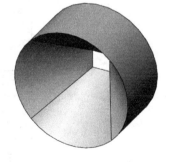

图 4-54　设置切除-放样属性　　图 4-55　预览切除-放样实体特征　　图 4-56　生成切除-放样实体

4.2.5　边界-切除

边界-切除命令是通过以双向在轮廓之间移除材料来切除实体模型。

单击 CommandManager 中的【边界-切除】按钮，或单击特征工具栏上的【边界-切除】按钮，或单击菜单【插入】/【切除】/【边界】选项，出现边界-切除操控板，如图 4-57 所示。

【例4-10】 建立边界-切除实体特征

[1] 打开初始文件 "Z4L7.prt"，实体模型如图4-58所示。

图4-57 【边界-切除】操控板   图4-58 实体模型

[2] 单击 CommandManager 中特征【边界-切除】按钮，出现【边界-切除】操控板。

[3] 设置边界-切除属性，在"轮廓"中选择"边线<1>"和"边线<2>"，在"选项与预览"中选择"合并切面"和"显示预览"，设置边界-切除属性，如图4-59所示。

[4] 预览边界-切除实体特征，如图4-60示。

[5] 单击【确定】按钮，生成边界-切除实体，如图4-61所示。

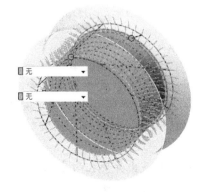

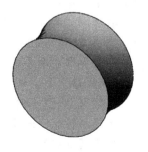

图4-59 设置边界-切除属性   图4-60 预览边界-切除实体特征   图4-61 生成边界-切除实体

4.2.6 异形孔向导

钻孔是在模型上生成各种类型的孔特征。在平面上放置孔并设定深度，可以通过以后标注尺寸来指定它的位置。

一般最好在设计阶段将近结束时生成孔。这样可以避免因疏忽而将材料添加到现有的孔内。此外，如果准备生成不需要其他参数的简单直孔，请使用简单直孔。

第二个选项使用异形孔向导，需要其他参数，不需要简单直孔。对于简单直孔而言，它可以提供比异形孔向导更好的性能。

异形孔向导是用预先定义的剖面插入孔。

单击 CommandManager 中的【异形孔向导】按钮，或单击特征工具栏上的【异形孔向导】按钮，或单击菜单【特征】/【孔】/【异形孔向导】选项，出现异形孔向导操控板，如图 4-62 所示。

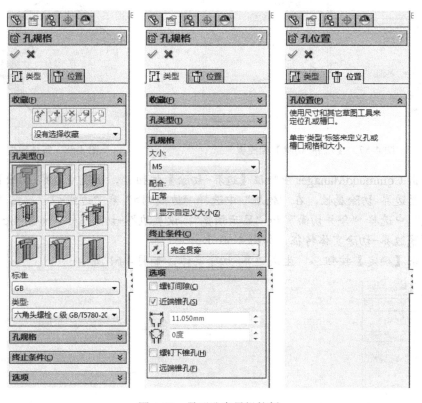

图 4-62　异形孔向导操控板

【例 4-11】　建立异形孔向导操作

[1]　打开初始文件 "Z4L8.prt"，实体模型如图 4-63 所示。

[2]　单击 CommandManager 中的【异形孔向导】按钮，出现异形孔向导操控板。

[3]　设置异形孔向导属性，在"孔类型"中选择"柱形沉头孔"，标准中选择"GB"，在"孔规格"大小中选择"M5"，配合中选择"正常"，在"终止条件"中选择"完全贯穿"，如图 4-64 所示。

[4]　选择"位置"选项卡，在平面找出异形孔向导孔。预览异形孔，如图 4-65 示。

[5]　单击【确定】按钮，生成异形孔，如图 4-66 所示。

图 4-63　打开零件实体模型　　　　图 4-64　设置异形孔向导属性

图 4-65　预览异形孔　　　　　　图 4-66　生成异形孔

4.3 编辑实体特征

　　编辑实体特征命令是在基础特征之上的特征修饰，即先生成基体特征，然后编辑实体特征。编辑实体特征命令有圆角、倒角、阵列工具、筋、拔模、抽壳、圆顶、镜像和分割等。

4.3.1　圆角

　　圆角命令是沿实体或曲面特征中的一条或多条边线来生成圆形内部面或外部面。

　　圆角命令可在零件上生成一个内圆角面或外圆角面，可以为一个面的所有边线、所选的多组面、所选的边线或边线环生成圆角。

生成圆角操作步骤如下。

[1] 单击 CommandManager 中的【圆角】按钮🔘，或单击特征工具栏上的【圆角】按钮🔘，或单击菜单【插入】/【特征】/【圆角】选项。

[2] 设定 PropertyManager 选项。

[3] 单击【确定】按钮✅。

【例 4-12】实体模型圆角操作

[1] 打开初始文件 "Z4L9.prt"，实体模型如图 4-67 所示。

[2] 单击 CommandManager 中的【圆角】按钮🔘，出现圆角操控板。

[3] 设置圆角属性，在"圆角类型"中选择"恒定大小"，在"圆角项目"中边线、面、特征和环🔲中选择"边线<1>"，选择"切线延伸"和"完整预览"，在"圆角参数"中半径输入"2.00mm"，如图 4-68 所示。

图 4-67　实体模型　　　　　　　　　　　　图 4-68　设置圆角属性

[4] 预览实体模型圆角，如图 4-69 所示。

[5] 单击【确定】按钮✅，生成实体模型圆角，如图 4-70 所示。

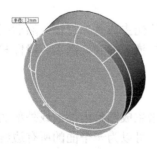

图 4-69　预览圆角模型　　　　　　　　　　图 4-70　生成实体模型圆角

4.3.2 倒角

倒角命令是沿边线、一串切边或顶点生成一条倾斜的边线。倒角命令在所选边线、面或顶点上生成一个倾斜特征。

生成倒角操作步骤如下。

[1] 单击 CommandManager 中的【倒角】按钮◎，或单击特征工具栏上的【倒角】按钮◎，或单击菜单【插入】/【特征】/【倒角】选项，显示如图 4-72 所示的倒角操控板。

[2] 设定 PropertyManager 选项。

[3] 单击【确定】按钮 ✅ 。

【例 4-13】 螺栓头部基本模型倒角操作

[1] 打开始文件 "Z4L10.prt"，实体模型如图 4-71 所示。

[2] 单击特征工具栏上的【倒角】按钮◎，出现倒角操控板。

[3] 设置倒角属性，在 "倒角参数" 边线、面或顶点🗔中选择 "边线<1>"，选择 "角度距离"，选中 "反转方向"，距离🔩中输入 "1.20mm"，角度📐中输入 "30.00 度"，如图 4-72 所示。

图 4-71　实体模型　　　　　　　　　　图 4-72　设置倒角属性

[4] 预览螺栓头部基本模型倒角，如图 4-73 所示。

[5] 单击【确定】按钮 ✅ ，生成螺栓头部基本模型倒角，如图 4-74 所示。

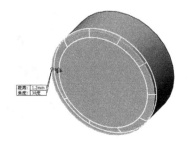

图 4-73　预览螺栓头部基本模型倒角　　　图 4-74　生成螺栓头部基本模型倒角

4.3.3 筋

筋命令能够给实体添加薄壁支撑。筋命令是从开环或闭环绘制的轮廓所生成的特殊类型拉伸特征。它在轮廓与现有零件之间添加指定方向和厚度的材料。可使用单一或多个草图生成筋，也可以用拔模生成筋特征，或者选择一个要拔模的参考轮廓。

生成筋操作步骤如下。

[1] 在基准面上绘制用作筋特征的轮廓，基准面可以与零件交叉，或与现有基准面平行或成一定角度。

[2] 单击 CommandManager 中的【筋】按钮，或单击特征工具栏上的【筋】按钮，或单击菜单【插入】/【特征】/【筋】选项。

[3] 设定 PropertyManager 选项。

[4] 单击【确定】按钮。

【例 4-14】 生成实体模型上筋操作

[1] 打开初始文件 "Z4L11.prt"，实体模型如图 4-75 所示。

[2] 在右视基准面上绘制直线草图，如图 4-76 所示。

图 4-75　实体模型　　　　　　　　图 4-76　在右视基准面上绘制直线草图

[3] 单击 CommandManager 中的【筋】按钮，出现筋操控板。

[4] 设置筋属性，在 "参数" 厚度中选择 "两侧"，筋厚度中输入 "8.00mm"，如图 4-77 所示。

[5] 预览实体模型上生成筋，如图 4-78 所示。

[6] 单击【确定】按钮，生成实体模型上筋，如图 4-79 所示。

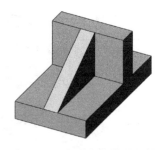

图 4-77　设置筋属性　　　　图 4-78　预览实体模型上生成筋　　　图 4-79　生成实体模型上筋

4.3.4 拔模

拔模命令是以指定的角度斜削模型中所选的面,这样可使模具零件更容易脱出模具。可以在现有的零件上插入拔模,或在拉伸特征时进行拔模。可将拔模应用到实体或曲面模型。

给模型面拔模的操作步骤如下。

[1] 单击 CommandManager 中的【拔模】按钮🔧,或单击特征工具栏上的【拔模】按钮🔧,或单击菜单【插入】/【特征】/【拔模】选项。

[2] 在 PropertyManager 中设定选项。

[3] 单击【确定】按钮✅。

【例 4-15】 实体模型上生成拔模操作

[1] 打开初始文件 "Z4L12.prt",实体模型如图 4-80 所示。

[2] 单击 CommandManager 中特征【拔模】按钮🔧,出现拔模操控板。

[3] 设置拔模属性,在"拔模类型"中选择"中性面",在"拔模角度"中输入"5.00 度",在"中性面"中选择"面<1>",在"拔模面"中选择"面<2>",如图 4-81 所示。

图 4-80　打开零件实体模型　　　　　　图 4-81　设置拔模属性

[4] 在实体模型上选择中性面和拔模面,如图 4-82 所示。

[5] 单击【确定】按钮✅,生成实体模型拔模,如图 4-83 所示。

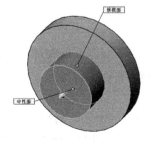

图 4-82　选择中性面和拔模面　　　　　　图 4-83　生成实体模型拔模

4.3.5 圆顶

圆顶命令能够添加一个或多个圆顶到所选平面或非平面，可在同一模型上同时生成一个或多个圆顶特征。

单击 CommandManager 中的【圆顶】按钮⊖，或单击特征工具栏上的【圆顶】按钮⊖，或单击菜单【插入】/【特征】/【圆顶】选项，显示圆顶操控板，如图 4-84 所示。

图 4-84 圆顶操控板

【例 4-16】实体模型进行圆顶操作

[1] 打开初始文件 "Z4L13.prt"，实体模型如图 4-85 所示。

[2] 单击特征工具栏上的【圆顶】按钮⊖，出现圆顶操控板。

[3] 设置圆顶属性，在 "参数" 到圆顶的面🗔中选择 "面<1>"，距离中输入 "10.00mm"，如图 4-86 所示。

图 4-85 打开零件实体模型

图 4-86 设置圆顶属性

[4] 预览实体模型圆顶，如图 4-87 示。

[5] 单击【确定】按钮✓，生成实体模型圆顶，如图 4-88 所示。

图 4-87 预览实体模型圆顶

图 4-88 生成实体模型圆顶

4.3.6 抽壳

抽壳命令是从实体移除材料来生成一个薄壁特征。抽壳工具会掏空零件，使所选择的面敞开，在剩余的面上生成薄壁特征。如果没选择模型上的任何面，可抽壳一个实体零件，生成一个闭合、掏空的模型，也可使用多个厚度来抽壳。

单击 CommandManager 中的【抽壳】按钮📖，或单击特征工具栏上的【抽壳】按钮📖，或单击菜单【插入】/【特征】/【抽壳】选项，显示抽壳操控板，如图 4-89 所示。

【例 4-17】 实体模型抽壳操作

[1] 打开初始文件"Z4L14.prt"，实体模型如图 4-90 所示。

[2] 单击 CommandManager 中的【抽壳】按钮 □，出现抽壳操控板。

[3] 设置抽壳属性，在"参数"下，厚度 ☼ 中输入"2.00mm"，移除的面 □ 中选择"面 <1>"，如图 4-91 所示。

图 4-89　抽壳操控板　　　　　　图 4-90　实体模型　　　　　　图 4-91　设置抽壳属性

[4] 预览实体模型抽壳，如图 4-92 示。

[5] 单击【确定】按钮 ✓，生成实体模型抽壳，如图 4-93 所示。

图 4-92　预览实体模型抽壳　　　　　　图 4-93　生成实体模型抽壳

4.3.7　镜向

镜向命令是绕面或基准面来镜向特征、面及实体。镜向命令能够复制所选的特征或所有特征，并将它们对称于所选的平面或面进行镜向，生成一个特征（或多个特征）的复制。

单击 CommandManager 中的【镜向】按钮 □，或单击特征工具栏上的【镜向】按钮 □，或单击菜单【插入】/【特征】/【镜向】选项。

【例 4-18】 实体模型镜向操作

[1] 打开初始文件"Z4L15.prt"，实体模型如图 4-94 所示。

[2] 单击 CommandManager 中的【镜向】按钮 □，出现镜向操控板。

[3] 设置镜向属性，在"镜向面/基准面"中选择"前视"，在"要镜向的特征"中选择"凸台-拉伸 1"、"凸台-拉伸 2"和"拔模 1"，如图 4-95 所示。

图 4-94　实体模型　　　　　　　　　　　图 4-95　设置镜向属性

[4] 预览实体模型镜向，如图 4-96 所示。

[5] 单击【确定】按钮 ✅，生成实体模型镜向，如图 4-97 所示。

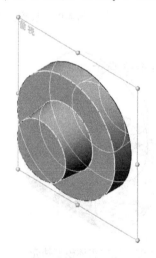

图 4-96　预览实体模型镜向　　　　　　　图 4-97　生成实体模型镜向

4.3.8　阵列工具

　　阵列工具按线性或圆周阵列复制所选的源特征，可以生成线性阵列、圆周阵列、曲线驱动的阵列、填充阵列，或使用草图点或表格坐标生成阵列。在零件实体建模时，使用圆周阵列和线性阵列。

　　线性阵列是以一个或两个线性方向的阵列特征、面及实体。圆周阵列是绕轴心的阵列特征面及实体。

　　对于线性阵列，先选择特征，然后指定方向、线性间距和实例总数。

　　对于圆周阵列，先选择特征，再选择作为旋转中心的边线或轴，然后指定实例总数及实例的角度间距，或实例总数及生成阵列的总角度。

1．圆周阵列

单击 CommandManager 中的【圆周阵列】按钮⚙，或单击特征工具栏上的【圆周阵列】
按钮⚙，或单击菜单【插入】/【阵列/镜向】/【圆周阵列】选项。

2．线性阵列

单击 CommandManager 中的【线性阵列】按钮▦，或单击特征工具栏上的【线性阵列】
按钮▦，或单击菜单【插入】/【阵列/镜向】/【线性阵列】选项。

【例4-19】 实体模型孔特征圆周阵列操作

[1] 打开初始文件 "Z4L16.prt"，实体模型如图 4-98 所示。

[2] 在实体模型上建立孔特征，如图 4-99 所示。

图 4-98 实体模型 　　　　　　　　　　图 4-99 实体模型上建立孔特征

[3] 单击前导视图工具栏【隐藏/显示项目】/【观阅临时轴】，显示临时轴，如图 4-100
所示。

[4] 单击 CommandManager 中的【圆周阵列】按钮⚙，出现圆周阵列操控板。

[5] 设置圆周阵列属性，在"参数"中选择"基准轴<1>"，角度↰输入"360.00 度"，
实例数⚙中输入"6"，要阵列的特征⚙中选择"孔1"，如图 4-101 所示。

图 4-100 显示临时轴 　　　　　　　　图 4-101 设置圆周阵列属性

[6]　预览孔特征圆周阵列，如图 4-102 所示。

[7]　隐藏临时轴。单击【确定】按钮 ✅，生成孔特征圆周阵列，如图 4-103 所示。

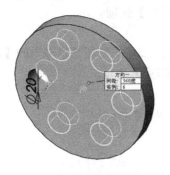

图 4-102　预览孔特征圆周阵列　　　　　图 4-103　生成孔特征圆周阵列

4.4　综合实例——建立轴承座模型

设计要求

建立轴承座零件实体模型，如图 4-104 所示。

建立一个新的零件文件并绘制草图

[1]　单击【新建】/【零件】/【确定】，新建一个零件文件。

[2]　在前视基准面中绘制草图，如图 4-105 所示。

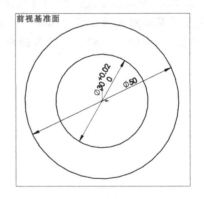

图 4-104　轴承座零件实体模型　　　　　图 4-105　在前视基准面中绘制草图

拉伸生成带有圆孔的圆柱

[1]　单击 CommandManager 的【凸台-拉伸】按钮 🔲，出现拉伸凸台/基体操控板。

[2]　设置拉伸属性，如图 4-106 所示。

[3]　单击【确定】按钮 ✅，拉伸生成带有圆孔的圆柱，如图 4-107 所示。

添加基准面

[1]　单击特征工具栏中的【参考几何体】按钮 ⬦，选择基准面 ⬦，出现基准面操控板。

图 4-106　设置拉伸属性

图 4-107　拉伸生成带有圆孔的圆柱

[2] 设置基准面属性，在"第一参考"中选择"前视基准面"，【偏移距离】 中输入
"20.00mm"，如图 4-108 所示。

[3] 预览基准面，如图 4-109 所示。

[4] 单击【确定】按钮 ，建立距离前视基准面为 20mm 的平行基准面 1，如图 4-110 所示。

图 4-108　设置基准面属性

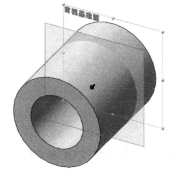

图 4-109　预览基准面

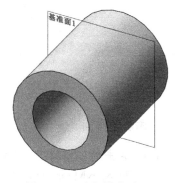

图 4-110　建立基准面 1

　绘制轴承座侧壁截面草图

在基准面 1 中绘制草图，如图 4-111 所示。

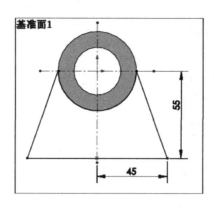

图 4-111 在基准面 1 中绘制草图

拉伸生成轴承座侧壁

[1] 单击 CommandManager 特征【拉伸凸台/基体】按钮圈，出现拉伸凸台/基体操控板。

[2] 设置拉伸属性，在"从"中选择"草图基准面"，在"方向 1"终止条件中选择"给定深度"，在深度中输入"15.00mm"，如图 4-112 所示。

[3] 单击【确定】按钮，拉伸生成轴承座侧壁，如图 4-113 所示。

图 4-112 设置拉伸属性

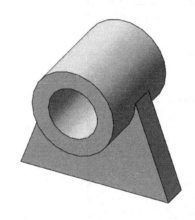

图 4-113 拉伸生成轴承座侧壁

添加基准面

[1] 单击特征工具栏中的【参考几何体】按钮，选择基准面，出现基准面 PropertyManager 操控板。

[2] 设置基准面属性，在"第一参考中"选择"上视基准面"，在偏移距离中输入"55.00mm"，如图 4-114 所示。

[3] 预览基准面，如图 4-115 所示。

[4] 单击【确定】按钮，建立基准面 2，如图 4-116 所示。

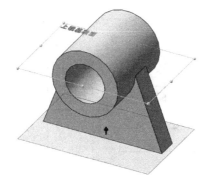

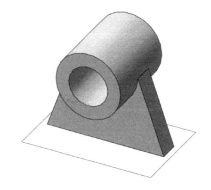

图 4-114　设置基准面属性　　　图 4-115　预览基准面　　　图 4-116　建立基准面 2

绘制轴承座底座截面草图

在基准面 2 中绘制草图，如图 4-117 所示。

拉伸生成轴承座侧壁

[1]　单击 CommandManager 中的【凸台-拉伸】
按钮，出现拉伸凸台/基体操控板。

[2]　设置拉伸属性，在"从"中选择"草图基准
面"，在"方向 1"终止条件中选择"给定深
度"，深度中输入"15.00mm"，如图 4-118
所示。

[3]　拉伸生成轴承座底座预览，如图 4-119 所示。

[4]　单击【确定】按钮，拉伸生成轴承座底座，
如图 4-120 所示。

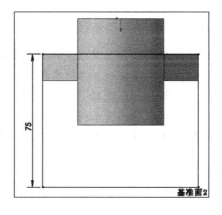

图 4-117　在基准面 2 中绘制草图

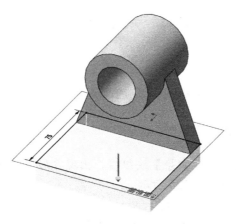

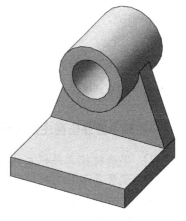

图 4-118　设置拉伸属性　　　图 4-119　拉伸生成轴承座底座预览　　　图 4-120　拉伸生成轴承座底座

绘制轴承座筋草图

在右视基准面上绘制草图，如图 4-121 所示。

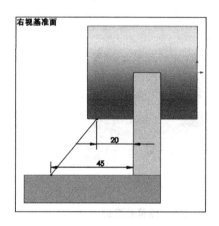

图 4-121　在右视基准面上绘制草图

 生成轴承座加强筋

[1]　单击特征工具栏上的【筋】按钮，出现筋操控板。

[2]　设置筋属性，在"参数"中厚度选择"　"（两侧），在筋厚度　中输入"7.50mm"，拉伸方向选择"　"（平行于草图），选中"反转材料方向"，如图 4-122 所示。

[3]　生成轴承座加强筋预览，如图 4-123 所示。

[4]　单击【确定】按钮，生成轴承座加强筋，如图 4-124 所示。

图 4-122　设置筋属性

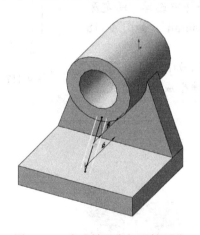

图 4-123　生成轴承座加强筋预览

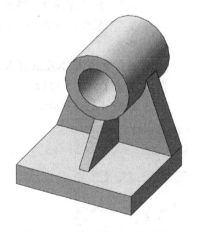

图 4-124　生成轴承座加强筋

 在轴承座底座面生成螺栓孔

[1]　单击特征工具栏上的【异形孔向导】按钮，出现异形孔向导操控板。

[2]　设置异形孔向导属性，如图 4-125 所示。

[3]　生成螺栓孔预览，如图 4-126 所示。

[4]　单击【确定】按钮，生成螺栓孔，如图 4-127 所示。

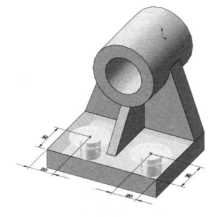

图 4-125 设置异形孔向导属性　　　图 4-126 生成螺栓孔预览　　　　　图 4-127 生成螺栓孔

轴承座进行倒角

[1] 单击特征工具栏上的【倒角】按钮🔷，出现倒角操控板。

[2] 设置倒角属性，在"倒角参数"下的边线、面或顶点🔲中选择"边线<1>"、"边线<2>"，选择"角度距离"，在距离📐中输入"2.00mm"，在角度📐中输入"45.00 度"，如图 4-128 所示。

[3] 生成轴承座倒角预览，如图 4-129 所示。

[4] 单击【确定】按钮✔，生成轴承座倒角，如图 4-130 所示。

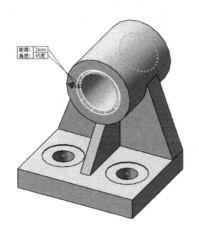

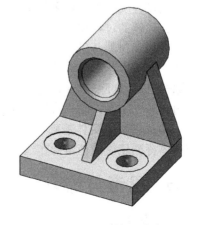

图 4-128 设置倒角属性　　　　　图 4-129 生成轴承座倒角预览　　　　图 4-130 生成轴承座倒角

轴承座进行圆角

[1] 单击特征工具栏上的【圆角】按钮 🖉，出现圆角操控板。

[2] 设置圆角属性，在"圆角类型"中选择"恒定大小"，在"圆角参数"半径 🗗 中输入数值"1.00mm"，如图 4-131 所示。

[3] 生成轴承座圆角预览，如图 4-132 示。

[4] 单击【确定】按钮 ✔，生成轴承座圆角，如图 4-133 所示。

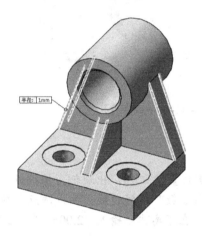

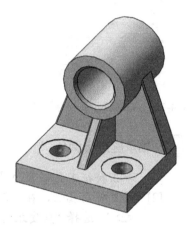

图 4-131　设置圆角属性　　　图 4-132　生成轴承座圆角预览　　　图 4-133　生成轴承座圆角

4.5　本章小结

本章介绍了 SolidWorks 2014 实体基础特征建模和编辑实体特征的基本操作过程。零件实体建模过程实质上由许多简单基础特征之间的叠加、切割或相交等方式形成。本章介绍了实体特征建模的过程和方法。

在增加材料基础特征建模中，介绍了拉伸凸台/基体、旋转凸台/基体、扫描、放样凸台/基体、边界凸台/基体命令工具。在去除材料基础特征建模中，介绍了切除-拉伸、切除-旋转、切除-扫描、切除-放样、切除-边界、异形孔向导命令。在编辑实体特征中，主要讲述圆角、倒角、阵列工具、筋、拔模、抽壳、圆顶、镜向、分割等命令。

本章讲解了实体基础特征建模。希望通过本章的学习，用户可以掌握 SolidWorks 2014 的实体特征建模的基本操作过程和方法。

4.6　思考与练习

1. 思考题

（1）简述拉伸凸台/基体、旋转凸台/基体、扫描、放样凸台/基体、边界凸台/基体命令工具操作过程。

（2）简述切除-拉伸、切除-旋转、切除-扫描、切除-放样、切除-边界、异形孔向导命令工具操作过程。

（3）编辑特征建模命令工具有哪几种？各有何特点？

（4）"扫描"与"放样"凸台/基体有何区别？

2．练习题

（1）建立阶梯轴模型，如图4-134所示。建模过程中使用旋转、拉伸切除、倒角等特征命令工具。

（2）建立连杆模型，如图4-135所示。要求使用拉伸凸台/基体、拉伸切除、简单孔、倒角和圆角等特征命令工具。

图4-134　阶梯轴模型

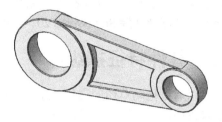

图4-135　连杆模型

第 5 章　零件特征辅助建模

本章主要介绍 SolidWorks 2014 零件实体特征辅助建模的基本操作过程和方法,包括零件特征操纵、编辑零件、控制零件、多实体零件、形变特征和扣合特征建模。在零件实体特征基础建模的基础上,可以对零件特征进行多种辅助建模,使零件实体特征更加完善。通过本章的学习,使读者掌握 SolidWorks 2014 的零件实体特征辅助建模的基本知识。

5.1　零件特征操纵

可以通过拖动草图的实体(打开或不打开草图本身)来动态编辑特征。利用 Instant3D 来动态修改特征。利用零件特征操纵工具能够完成零件特征的移动、复制和删除等操作。

5.1.1　Instant3D 动态修改特征

Instant3D 启用拖动控标、尺寸及草图来动态修改特征。

Instant3D 可以通过拖动控标或标尺来快速生成和修改模型几何体。要生成特征,必须退出编辑草图模式。

Instant3D 在默认状态下为激活。要切换 Instant3D 模式,单击特征工具栏上的【Instant3D】按钮 。

【例 5-1】 动态修改零件特征操作

[1]　打开初始文件 "Z5L1.prt",零件实体模型如图 5-1 所示。

[2]　单击特征工具栏上的【Instant3D】按钮 ,使 Instant3D 处于激活状态。

[3]　单击实体模型,选择拉伸特征,如图 5-2 所示。

图 5-1　零件实体模型

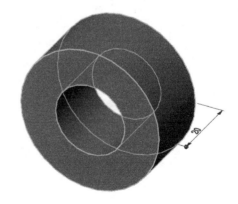

图 5-2　选择拉伸特征

[4]　拖动尺寸操纵杆以生成或修改特征,如图 5-3 所示。

[5]　单击鼠标左键,修改特征后的零件实体模型如图 5-4 所示。

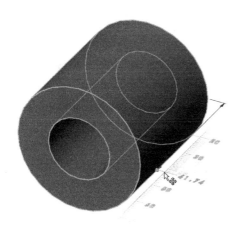

图 5-3　拖动尺寸操纵杆以生成或修改特征　　　　图 5-4　修改特征后的零件实体模型

5.1.2　移动和复制特征

可以通过在模型中拖动特征及从一模型拖动到另一模型来移动或复制特征。移动/复制实体工具能够移动、复制并旋转实体和曲面实体。在多实体零件中，可移动、旋转并复制实体和曲面实体，或者使用配合将它们放置。

单击特征工具栏上的【移动/复制实体】按钮 ，或单击菜单【插入】/【特征】/【移动/复制】选项。

【例 5-2】　移动和复制特征操作

[1]　打开初始文件 "Z5L2.prt"，零件实体模型如图 5-5 所示。

[2]　单击特征工具栏上的【移动/复制实体】按钮 ，出现移动/复制实体操控板。

[3]　选择 "凸台-拉伸 2"，三重轴出现在所选实体的质量中心，如图 5-6 所示。移动/复制属性设置如图 5-7 所示。

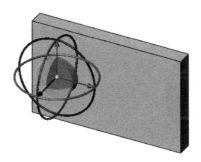

图 5-5　零件实体模型　　　　图 5-6　三重轴出现　　　　图 5-7　移动/复制属性设置

[4]　预览移动/复制实体特征，如图 5-8 所示。

[5]　单击【确定】按钮 ，移动/复制实体特征，如图 5-9 所示。

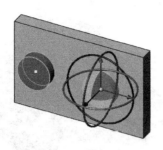

图 5-8　预览移动/复制实体特征　　　　　　　　图 5-9　移动/复制实体特征

5.2　编辑零件

　　用户可以对零件的特征、面和实体进行多种编辑，可以重新编辑定义特征来修改特征参数，可以编辑零件特征属性，可以将颜色和光学属性应用到整个零件、所选面、特征或实体，可以使用材质编辑器将材质应用到零件并生成或编辑材质等编辑操作。

5.2.1　编辑定义

　　如要执行编辑操作，请使用 FeatureManager 设计树中的各个图标，其中的特征按生成的顺序列出。可以编辑特征的定义来改变其参数。

　　零件特征生成之后，发现某一个特征的一些地方不符合要求，通常不必删除特征，而是通过重新编辑定义特征来修改特征参数。

　　编辑特征的定义操作步骤如下。

[1]　在 FeatureManager 设计树或图形区域中选择一个特征，单击菜单【编辑】/【定义】。或右击 FeatureManager 设计树或图形区域中的某个特征，然后单击上下文工具栏中的【编辑特征】按钮。根据所选的特征类型，出现相应的 PropertyManager。

[2]　在对话框中输入新的值或选项以编辑定义。

[3]　单击【确定】按钮以接受改变。

【例 5-3】　编辑零件定义操作

[1]　打开初始文件"Z5L3.prt"，零件实体模型如图 5-10 所示。

[2]　FeatureManager 设计树中倒角特征如图 5-11 所示。

图 5-10　零件实体模型　　　　　图 5-11　FeatureManager 设计树中倒角特征

[3]　右击 FeatureManager 倒角特征后，弹出快捷菜单，如图 5-12 所示。

[4]　单击【编辑特征】按钮，出现倒角属性控制板，设置倒角属性，如图 5-13 所示。

图 5-12　弹出快捷菜单

图 5-13　设置倒角属性

[5]　输入新的数值后倒角预览如图 5-14 所示。

[6]　单击【确定】按钮 ✅，编辑倒角后的零件实体模型如图 5-15 所示。

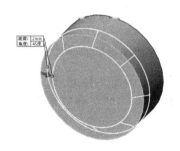

图 5-14　倒角预览

图 5-15　编辑倒角后的零件实体模型

5.2.2　特征、面和实体属性

特征属性包括特征的名称，以及当用在多配置情况下时压缩（及解除压缩）特征的能力。压缩会将特征暂时从模型中移除，但不会删除。特征、面和实体属性可用于简化模型或生成零件配置。

编辑特征属性的操作步骤如下。

[1]　在 FeatureManager 设计树或图形区域中，选取一个或多个特征，然后单击【编辑】/【属性】，或右击【特征】，然后选择【特征属性】，特征属性对话框出现。

[2]　如果需要，输入名称。

[3]　如要压缩特征，选择"压缩"。

[4]　单击【确定】按钮。

编辑面属性的操作步骤如下。

[1]　在图形区域中右击面，然后选择【面属性】，面属性对话框出现。

[2]　如果需要，输入名称。

[3]　如果模型具有多个配置，可选择【此配置】、【所有配置】、【指定配置】、【链接到父

配置】。

[4] 单击【确定】按钮。

编辑实体属性操作步骤如下。

[1] 在 FeatureManager 设计树或图形区域中，右击一个特征，然后选择【实体属性】，实体属性对话框出现。

[2] 如果需要，输入名称。

[3] 单击【确定】按钮。

【例 5-4】 编辑特征属性操作

[1] 打开初始文件 "Z5L4.prt"，零件实体模型如图 5-16 所示。

[2] FeatureManager 设计树中倒角特征如图 5-17 所示。

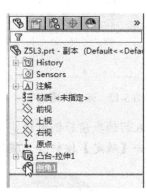

图 5-16　零件实体模型　　　　　　图 5-17　FeatureManager 设计树中倒角特征

[3] 右击 FeatureManager 倒角特征后，弹出快捷菜单，如图 5-18 所示。

[4] 单击【特征属性】，出现特征属性控制板，选中"压缩"，特征属性控制板设置如图 5-19 所示。

图 5-18　弹出快捷菜单　　　　　　图 5-19　特征属性控制板设置

[5] 单击【确定】按钮，完成特征属性编辑。FeatureManager 设计树如图 5-20 所示。完成特征属性编辑后的零件实体模型如图 5-21 所示。

图 5-20　FeatureManager 设计树　　　　图 5-21　完成特征属性编辑后的零件实体模型

5.2.3　零件的颜色和外观

可以将颜色和光学属性应用到整个零件、所选面、特征（包括曲面或曲线）或实体。也可以通过编辑模型的上色外观来修改颜色。面的颜色覆盖特征颜色，特征颜色覆盖实体颜色，而实体颜色则覆盖零件颜色。

改变零件的上色外观的操作步骤如下。

[1]　单击标准工具栏上的【选项】按钮，或单击【工具】/【选项】。

[2]　在文件属性标签上，单击【模型显示】。

[3]　在模型/特征颜色下选择"上色"。

[4]　单击【编辑】，并且从颜色调色板上选择一种颜色，或单击【自定义颜色】来定义颜色的新色调或亮度。文件属性-模型显示对话框如图 5-22 所示。

[5]　单击【确定】按钮以关闭颜色调色板，然后单击【确定】按钮以关闭文件属性-模型显示对话框。

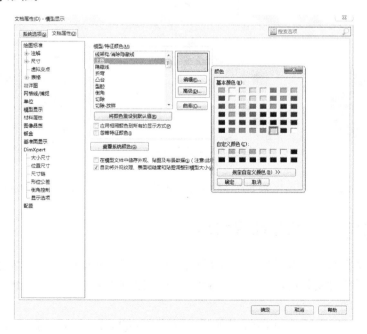

图 5-22　文件属性-模型显示对话框

更改所选零件、特征或实体的颜色和外观的操作步骤如下。

[1]　在图形区域中选择一个面，或在 FeatureManager 设计树中选择一个特征或实体，如

要选择多个实体，在选择的时候按住 Ctrl 键，单击标准工具中的栏编辑外观 ，或单击【编辑】/【外观】/【外观】。或右击一个面、特征或实体，然后选择【外观】，选择要更改外观的项。

[2] 在外观 PropertyManager 中进行选择。

[3] 单击【确定】按钮 。

【例 5-5】 零件外观颜色设定操作

[1] 打开初始文件 "Z5L5.prt"，零件实体模型如图 5-23 所示。

[2] 单击标准工具栏中的编辑外观 ，颜色控制板出现，设置颜色属性，如图 5-24 所示。

[3] 单击【确定】按钮 ，零件颜色设定后的外观如图 5-25 所示。

图 5-23 零件实体模型　　　图 5-24 设置颜色属性　　　图 5-25 零件颜色设定后的外观

5.2.4 应用、生成及编辑材料

使用材料对话框来生成和编辑自定义材料或库，以应用材料或设置材料的常用类型。材料能够封装零件或零件实体的物理特性。SolidWorks 2014 提供一个与 SolidWorks Simulation 共享的预定义材料库。

材料库是包含有关每个材料信息的数据库。SolidWorks 2014 提供的库有只读库、SolidWorks 材料、可在其中生成自定义材料的库，以及自定义材料。可生成其他库来存储自定义材料。

应用材料的操作步骤如下。

[1] 在零件文档中，右击 FeatureManager 设计树中的【材料】▤并选择【编辑材料】。或单击标准工具栏中的材料▤，或单击【编辑】/【外观】/【材质】。

[2] 在材质编辑器 PropertyManager 中设定【属性】，编辑材料对话框如图 5-26 所示。

[3] 单击【应用】按钮，材料应用到零件，材料名称出现在 FeatureManager 设计树中，位于材料▤旁边。

图 5-26　编辑材料对话框

在生成自定义材料时，从一个与要生成的材料相似的现有材料开始。要自定义材料，请将材料复制到自定义库并更改该副本的属性。

生成自定义材料的操作步骤如下。

[1] 在零件文档中，右击 FeatureManager 设计树中的材料▤并选择【编辑材料】。

[2] 在材料树中，选择要作为自定义材料基础的材料。

[3] 编辑材料的属性，然后单击【保存】按钮。

[4] 还可选择单击【应用】按钮，将新的材料应用到当前的零件中。

编辑自定义材料的操作步骤如下。

（1）在零件文档中，右击 FeatureManager 设计树中的材料▤并选择【编辑材料】。

（2）在材料树中，浏览到一个自定义库并选择一种自定义材料。

（3）编辑材料的属性，然后单击【保存】按钮。此材料的未来应用将使用新的设置。

（4）此外，还可选择单击【应用】按钮将新的设置指派到当前零件中。

【例5-6】零件材料设置操作

[1] 打开初始文件"Z5L6.prt"，零件实体模型如图 5-27 所示。

[2] 在零件文档中，单击标准工具栏中的材料▤。

[3] 在材料编辑器 PropertyManager 中设定属性，如图 5-28 所示。

图 5-27　零件实体模型

图 5-28　设定属性

[4]　单击【应用】按钮，材料应用到零件，材料名称出现在 FeatureManager 设计树中，位于材料☰旁边，如图 5-29 所示。添加材料后的零件实体模型如图 5-30 所示。

图 5-29　材料名称

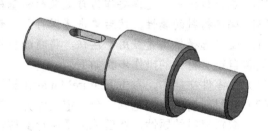

图 5-30　添加材料后的零件实体模型

5.3　控制零件

可以通过多种方法对零件进行控制操作，使零件的建模和设计工作方便快捷。

5.3.1 方程式

方程式能够在尺寸名称为变量时，在模型尺寸之间生成数学几何关系。

方程式能够使用全局变量和数学函数定义尺寸，并生成零件和装配体中两个或更多尺寸之间的数学关系。

在方程式视图中添加方程式的操作步骤如下。

[1] 执行以下操作之一。

- 单击工具工具栏中的方程式 Σ。
- 单击【工具】/【方程式】。
- 右击 FeatureManager 设计树中的 FeatureManager 文件夹，然后选择【管理方程式】。

[2] 选择方程式视图 $\Sigma^\top$。

[3] 在方程式部分中，单击名称列中的空单元格。

[4] 在图形区域中单击【尺寸】，然后进行以下操作。

- 在名称列中将尺寸名称扩展到空单元格，并将其包含在引号中。
- 将光标移动到数值/方程式列，并插入"="（等号）。
- 显示弹出式菜单，选择带有开启方程式的选项。

[5] 在"="（等号）之后，通过执行以下操作之一将术语添加到方程式。

- 输入一个数字或条件语句。
- 从弹出菜单中选择【整体变量】、【函数】或【文件属性】。
- 从弹出菜单中选择【测量】，并使用测量工具以创建术语。

在单元格中将出现 ✔ 以指示句法有效。

[6] 输入"+"（加号）、"−"（减号）或另一数学符号。

[7] 将另一术语添加到方程式。

[8] 完成方程式时，请单击【确定】按钮 ✔。在"估算到列"中将出现方程式的解，并且在备注列中将光标移动到下一个单元格。

[9] 添加评论以记录设计意图。

[10] 单击【确定】按钮以关闭对话框。

编辑方程式的操作步骤如下。

[1] 执行以下操作之一。

- 单击工具工具栏中的方程式 Σ。
- 单击【工具】/【方程式】。
- 右击 FeatureManager 设计树中的 FeatureManager 文件夹，然后选择【管理方程式】。

[2] 选择方程式视图 $\Sigma^\top$。

[3] 选取"方程式"、"整体变量"或"尺寸"。

[4] 编辑条目。使用字头条目、方程式的弹出菜单、全局变量、函数和文件属性，以及句法检查来编辑方程式。

[5] 单击【确定】按钮以关闭对话框。

【例5-7】零件实体模型尺寸之间生成方程式操作

[1] 打开初始文件"Z5L7.prt"，零件实体模型如图 5-31 所示。

[2] 编辑拉伸草图，拉伸草图如图 5-32 所示。

图 5-31　零件实体模型

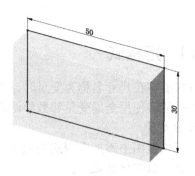

图 5-32　拉伸草图

[3]　单击【工具】/【方程式】，出现方程式对话框，如图 5-33 所示。

图 5-33　方程式对话框

[4]　选择方程式视图 ∑。在方程式部分中，单击名称列中的空单元格。在图形区域中单击【尺寸】。在添加方程式对话框中输入方程式，如图 5-34 所示。

图 5-34　添加方程式对话框

[5]　单击【确定】按钮以关闭方程式对话框。零件实体模型尺寸之间生成方程式，如图 5-35 所示。

5.3.2　压缩和解除压缩特征

压缩某一特征时，特征从模型中移除（但未删除）。特征从模型视图上消失并在 FeatureManager 设计树中显示为灰色。如果特征有子特征，那么子特征也被压缩。

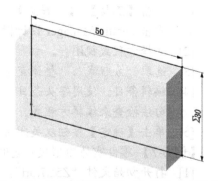

图 5-35　零件实体模型尺寸之间生成方程式

解除压缩某一特征时，特征被返回到模型。如果特征有了特征，可选择在解除压缩父特征时是否解除压缩子特征。如果想解除压缩已压缩的特征，必须在 FeatureManager 设计树中将其选择。

压缩特征的操作步骤如下。

[1] 在 FeatureManager 设计树中选择【特征】，或在图形区域中选择特征的一个面。如要选择多个特征，请在选择的时候按住 Ctrl 键。

[2] 单击特征工具栏上的压缩↓▤（在带有多个配置的零件中，只适用于当前配置）。或单击【编辑】/【压缩】，然后选择此配置、所有配置或所选配置。

解除压缩特征的操作步骤如下。

[1] 在 FeatureManager 设计树中选择被压缩的特征。

[2] 单击【特征】工具栏上的解除压缩↑▤（在带有多个配置的零件中，只适用于当前配置）。或单击【编辑】/【解除压缩】，然后选择【此配置】、【所有配置】或【所选配置】。

【例 5-8】 压缩特征操作

[1] 打开初始文件"Z5L8.prt"，零件实体模型如图 5-36 所示。

[2] 在 FeatureManager 设计树中单击切除-拉伸 1 特征，如图 5-37 所示。

图 5-36 零件实体模型　　　　　　　　　图 5-37 单击切除-拉伸特征

[3] 单击【编辑】/【压缩】/【此配置】，切除-拉伸 1 特征被压缩后的零件实体模型如图 5-38 所示。压缩后特征在 FeatureManager 中显示为灰色，如图 5-39 所示。

图 5-38 切除-拉伸 1 特征被压缩后的零件实体模型　　　　图 5-39 压缩后特征显示为灰色

5.4 多实体零件

零件文档可包含多个实体。可以通过实体交叉和桥接技术完成复杂零件的建模。当设计辐条轮时，知道轮缘和轮轴的要求，却不知道如何设计辐条，这时就可使用多实体零件生成轮缘和轮轴，然后生成连接实体的辐条。

5.4.1 实体交叉

对于实体交叉多实体技术，可使用组合特征及其共同选项。实体交叉是以更少操作而生成复杂零件的快速方法，从而可提高性能。实体交叉操作可接受相互重叠的多个实体，只留下实体的交叉体积。

【例 5-9】 实体交叉多实体技术建模操作

[1] 单击【新建】/【零件】/【确定】，新建一个零件文件。

[2] 在前视基准面上绘制草图，如图 5-40 所示。

[3] 单击特征工具栏上的【拉伸凸台/基体】按钮，打开拉伸凸台/基体操控板。

[4] 设置拉伸凸台/基体属性，在"从"中选择"草图基准面"，在"方向 1"中选择"两侧对称"，在深度中输入"50.00mm"，如图 5-41 所示。

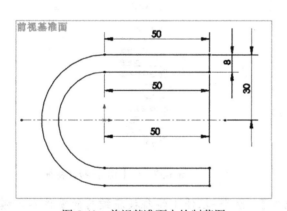

图 5-40　前视基准面上绘制草图

图 5-41　设置拉伸凸台/基体属性

[5] 预览拉伸凸台/基体，如图 5-42 所示。

[6] 单击【确定】按钮，生成拉伸凸台/基体，如图 5-43 所示。

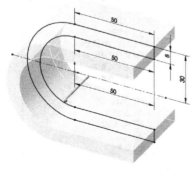

图 5-42　预览拉伸凸台/基体

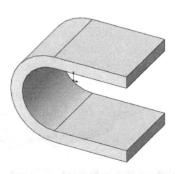

图 5-43　生成拉伸凸台/基体

[7] 在上视基准面上绘制草图，如图 5-44 所示。

[8] 单击特征工具栏上的【凸台-拉伸】按钮，打开拉伸凸台/基体操控板。

[9] 设置拉伸凸台/基体属性，在"从"中选择"草图基准面"，在"方向1"中选择"两侧对称"，在深度中输入"70.00mm"，取消"合并结果"复选框，如图 5-45 所示。

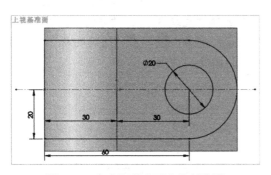

图 5-44　在上视基准面上绘制草图　　　　　图 5-45　设置拉伸凸台/基体属性

[10] 预览拉伸凸台/基体，如图 5-46 所示。

[11] 单击【确定】按钮，生成拉伸凸台/基体，如图 5-47 所示。

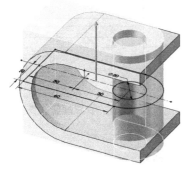

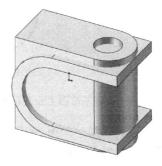

图 5-46　预览拉伸凸台/基体　　　　　　　图 5-47　生成拉伸凸台/基体

[12] 单击菜单【插入】/【特征】/【组合】，打开组合操控板。设置组合属性，在"操作类型"中选择"共同"，在"组合的实体"中选择"凸台-拉伸 1"和"凸台-拉伸 2"，如图 5-48 所示。

[13] 单击【确定】按钮，生成组合零件，如图 5-49 所示。

图 5-48　设置组合属性　　　　　　　　　图 5-49　生成组合零件

5.4.2 桥接

桥接是在多实体环境中经常使用的技术。桥接生成连接多个实体的实体。在首先生成部分模型，然后生成连接几何体时，此技术很有用。

【例5-10】桥接技术进行多实体建模操作

[1] 单击【新建】/【零件】/【确定】，新建一个零件文件。

[2] 在前视基准面上绘制草图，如图5-50所示。

[3] 单击CommandManager中的【旋转凸台/基体】按钮ᵕ，出现旋转凸台/基体操控板。

[4] 设置旋转属性，在"旋转轴"的旋转轴╲中选择"直线3"，在"方向1"的旋转类型中选择"给定深度"，方向1角度⌐中输入"360.00度"，在"所选轮廓"中选择"草图1-轮廓<1>"和"草图1-轮廓<2>"，如图5-51所示。

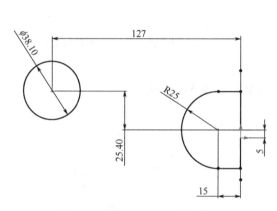

图5-50　前视基准面上绘制草图

图5-51　设置旋转属性

[5] 预览旋转模型，如图5-52所示。

[6] 单击【确定】按钮ᵕ，生成旋转体，如图5-53所示。

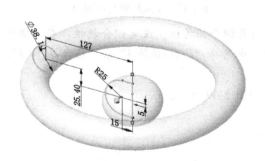

图5-52　预览旋转模型

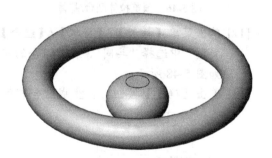

图5-53　生成旋转体

[7] 在前视基准面上绘制样条曲线草图，如图5-54所示。

[8] 单击参考几何体ᵕ并选择基准面ᵕ，出现基准面操控板。

[9] 设置基准面属性，在"第一参考"中选择"右视基准面"，在"第二参考"中选择"样条曲线草图一个端点"，如图5-55所示。

图 5-55　设置基准面属性

图 5-54　前视基准面上绘制样条曲线草图

[10] 预览基准面，如图 5-56 所示。单击【确定】按钮 ，建立基准面 1，如图 5-57 所示。

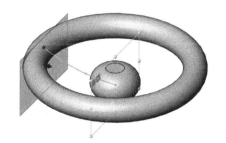

图 5-56　预览基准面

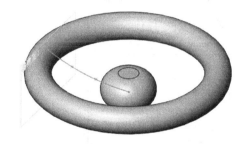

图 5-57　建立基准面 1

[11] 在基准面 1 上绘制草图，如图 5-58 所示。单击 关闭草图，隐藏基准面 1。

[12] 单击 CommandManager 中的【扫描】按钮 ，出现扫描操控板。

[13] 设置扫描属性，在"轮廓和路径"下的轮廓 中选择"草图 3"，【路径】 中选择"草图 2"，如图 5-59 所示。

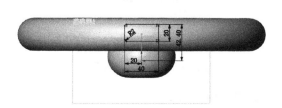

图 5-58　基准面 1 上绘制草图

图 5-59　设置扫描属性

[14] 预览扫描模型，如图 5-60 所示。

[15] 单击【确定】按钮 ✅，生成扫描模型，如图 5-61 所示。

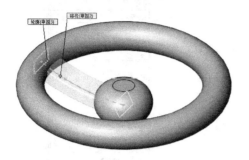

图 5-60　预览扫描模型　　　　　　　　　图 5-61　生成扫描模型

[16] 显示临时轴。

[17] 单击 CommandManager 中的【圆周阵列】按钮 ⚙，出现圆周阵列操控板。

[18] 设置圆周阵列属性，在"参数"中选择"基准轴<1>"，"角度" 输入"360.00 度"，实例数 中输入"3"，"要阵列的特征" 中选择"扫描 1"，如图 5-62 所示。

[19] 预览圆周阵列，如图 5-63 所示。

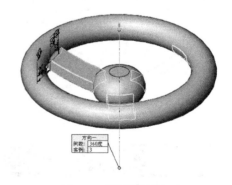

图 5-62　设置圆周阵列属性　　　　　　　　图 5-63　预览圆周阵列

[20] 单击【确定】按钮 ✅，生成圆周阵列，如图 5-64 所示。

[21] 隐藏临时轴和原点后的模型如图 5-65 所示。

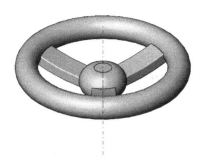

图5-64　生成圆周阵列

图5-645　隐藏临时轴和原点后的模型

5.5　形变特征

通过形变特征来改变或生成实体模型和曲面。常用的形变特征有自由形、变形、压凹、弯曲和包覆。

5.5.1　自由形

自由形是通过在点上推动和拖动而在平面或非平面上添加变形曲面。自由形特征用于修改曲面或实体的面。每次只能修改一个面，该面可以有任意条边线。设计人员可以通过生成控制曲线和控制点，然后推拉控制点来修改面，对变形进行直接的交互式控制，可以使用三重轴约束推拉方向。

生成一个自由形特征的操作步骤如下。

[1] 打开想要在其中添加自由形的零件。

[2] 单击特征工具栏中的自由形❧，或单击【插入】/【特征】/【自由形】。

[3] 在 PropertyManager 中设定选项：选择要修改的面，添加控制曲线，添加控制点到控制曲线，加入透明度、斑马条纹等来调整显示。选择一条控制曲线，并使用三重轴拖动控制点来修改面。自由形操控板如图 5-66 所示。

图5-66　自由形操控板

[4] 单击【确定】按钮✅。

【例5-11】 零件实体模型自由形操作

[1] 打开初始文件 "Z5L9.prt"，零件实体模型如图5-67所示。

[2] 单击【插入】/【特征】/【自由形】，出现自由形操控板。

[3] 设置自由形属性，如图5-68所示。

图5-67 零件实体模型

图5-68 设置自由形属性

[4] 选择要修改的面，如图5-69所示。

[5] 在面上添加控制曲线，如图5-70所示。

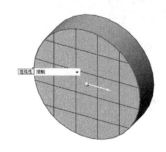

图5-69 选择要修改的面

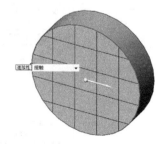

图5-70 在面上添加控制曲线

[6] 添加控制点到控制曲线，如图5-71所示。

[7] 拖动三重轴控标，如图5-72所示。

[8] 单击【确定】按钮✅，生成自由形零件实体模型，如图5-73所示。

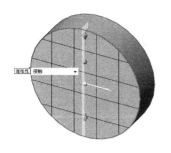

图 5-71 添加控制点到控制曲线

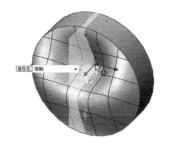

图 5-72 拖动三重轴控标

图 5-73 自由形零件实体特征

5.5.2 变形

变形是将整体变形应用到实体或曲面实体。使用变形特征改变复杂曲面或实体模型的局部或整体形状，无须考虑用于生成模型的草图或特征约束。

变形提供了一种简单方法来虚拟改变模型（无论是有机的还是机械的），这在创建设计概念或对复杂模型进行几何修改时很有用，因为使用传统的草图、特征或历史记录编辑需要花费很长的时间。

变形特征有三种变形类型：点、曲线到曲线和曲面推进。

单击特征工具栏中的变形 ，或单击【插入】/【特征】/【变形】，出现变形控制板，如图 5-74 所示。

图 5-74 变形控制板

使用点来变形模型的操作步骤如下。

[1] 单击特征工具栏中的变形 ，或依次单击【插入】/【特征】/【变形】。

[2] 在 PropertyManager 中的变形类型下，选择点。

[3] 在变形点下，在图形区域中选择一种实体作为变形点 （面或基准面上的点、边线上的点、顶点或空间中的点）。

[4] 如果以空间中的点作为变形点 ，请选择一个线性边线、两个点或顶点、一个平面或一个基准面作为变形方向。

[5] 在变形距离 框中设置一个值。

[6] 在变形区域下：在变形半径 框中设置一个值。选择变形区域将变形局限于所选面周边以内的区域。选择要变形的实体 。

[7] 在形状选项下：选择刚度层次。在清除变形区域时，可以额外选取变形轴 来进一步控制变形的形状。如果选择了变形区域，则清除保持边界。移动形状精度 滑杆来控制曲面品质。

[8] 单击【确定】按钮 。

【例 5-12】 使用点来变形模型操作

[1] 打开初始文件 "Z5L10.prt"，零件实体模型如图 5-75 所示。

[2] 单击【插入】/【特征】/【变形】，出现变形操控板。

[3] 设置变形属性，在"变形类型"中选择"点"，在"变形点"下的变形点 中选择"点@面<1>"，在变形距离 框中设置值为"5.00mm"，在"变形区域"下的变形半径 框中设置值为"10.00mm"，如图 5-76 所示。

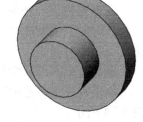
图 5-75　零件实体模型

[4] 零件实体模型变形预览如图 5-77 所示。

[5] 单击【确定】按钮 ，变形操作后零件实体模型如图 5-78 所示。

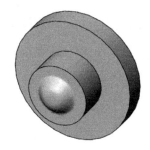

图 5-76　设置变形属性　　　　图 5-77　零件实体模型变形预览　　　　图 5-78　变形操作后零件实体模型

5.5.3　压凹

压凹命令将实体/曲面模型推越过另一实体/曲面模型。通过使用厚度和间隙值来生成特征，压凹特征在目标实体上生成与所选工具实体的轮廓非常接近的等距袋套或突起特征。根据所选实体类型（实体或曲面），指定目标实体和工具实体之间的间隙，并为压凹特征指定厚度。压凹特征可变形或从目标实体中切除材料。

压凹特征以工具实体的形状在目标实体中生成袋套或突起，因此在最终实体中比在原始实体中显示更多的面、边线和顶点。这与变形特征不同，变形特征中的面、边线和顶点数在最终实体中保持不变。

单击特征工具栏中的【压凹】按钮 ，或依次单击【插入】/【特征】/【压凹】，出现压凹控制板如图 5-79 所示。

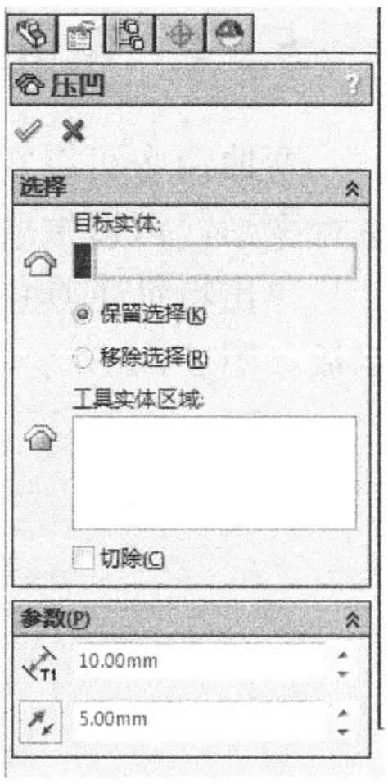

生成压凹特征的操作步骤如下。

[1] 单击特征工具栏中的【压凹】按钮 ◎，或单击【插入】/【特征】/【压凹】。

[2] PropertyManager 的选择：在图形区域中，为目标实体◎选择要压凹的实体或曲面实体。在图形区域中，为工具实体区域◎选择一个或多个实体或曲面实体。通过选中保留选择或移除选择来选择要保留的模型边侧，这些选项将翻转要压凹的目标实体的边侧。选择"切除"来移除目标实体◎的交叉区时，无论对于实体还是对于曲面，都会没有厚度但仍有间隙。

[3] 参数：设定厚度 ⌖（仅限实体）来确定压凹特征的厚度。设定间隙来确定目标实体和工具实体之间的间隙。如有必要，单击【反向】按钮 ⌖。

[4] 单击【确定】按钮 ✓。

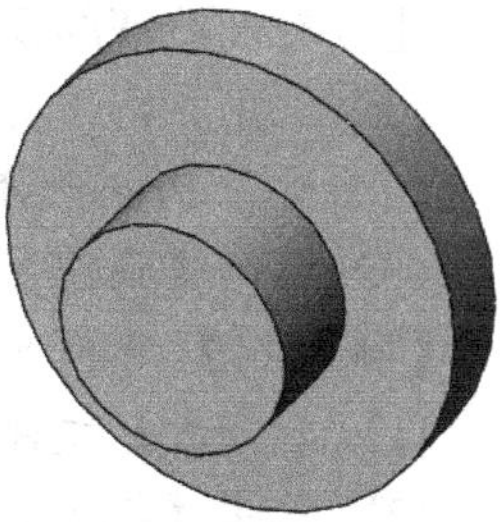

【例 5-13】零件实体模型压凹特征操作

[1] 打开初始文件"Z5L12.prt"，零件实体模型如图 5-80 所示。

[2] 单击【插入】/【特征】/【压凹】，出现压凹操控板。

[3] 设置压凹属性，在"选择"下的目标实体◎中选择"凸台-拉伸1"，单选"移除选择"，在工具实体区域◎中选择"拉伸-凸台 2 表面"，在"参数"中设定厚度 ⌖ 为"8.00mm"，设定间隙为"5.00mm"，如图 5-81 所示。

图 5-79　压凹控制板

图 5-80　零件实体模型

[4] 预览零件实体模型压凹，如图 5-82 所示。

[5] 单击【确定】按钮 ✓，压凹操作后零件实体模型如图 5-83 所示。

图 5-81　压凹属性设置

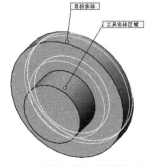

图 5-82　预览零件实体模型压凹

图 5-83　压凹操作后零件实体模型

5.5.4 弯曲

弯曲命令可以实现模型实体和曲面实体弯曲操作。弯曲特征以直观的方式对复杂的模型进行变形，可以生成 4 种类型的弯曲：折弯、扭曲、锥削和伸展。

单击特征工具栏中的【弯曲】按钮，或单击【插入】/【特征】/【弯曲】，出现弯曲控制板如图 5-84 所示。

图 5-84 弯曲控制板

生成弯曲特征的操作步骤如下。

（1）单击特征工具栏中的【弯曲】按钮，或单击【插入】/【特征】/【弯曲】。

（2）设置 PropertyManager 选项。

（3）单击【确定】按钮。

【例 5-14】 零件实体模型弯曲特征操作

[1] 打开初始文件"Z5L13.prt"，零件实体模型如图 5-85 所示。

[2] 单击【插入】/【特征】/【弯曲】，出现弯曲操控板。

[3] 设置弯曲属性，在"弯曲输入"中弯曲的实体选择"拉伸-薄壁 1"，单选"折弯"，角度输入"90 度"，如图 5-86 所示。

图 5-85 零件实体模型

图 5-86 设置弯曲属性

[4] 预览零件实体模型弯曲，如图 5-87 所示。

[5] 单击【确定】按钮 ✔，弯曲操作后零件实体模型如图 5-88 所示。

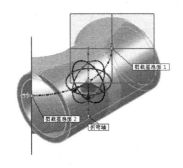

图 5-87　预览零件实体模型弯曲　　　　　图 5-88　弯曲操作后零件实体模型

5.5.5　包覆

包覆命令能够将草图轮廓闭合到面上。包覆特征将草图包裹到平面或非平面。可从圆柱、圆锥或拉伸的模型生成一平面。也可选择一平面轮廓来添加多个闭合的样条曲线草图。包覆特征支持轮廓选择和草图再用，可以将包覆特征投影至多个面上。

单击特征工具栏中的【包覆】按钮 🔲，或单击【插入】/【特征】/【包覆】，出现包覆控制板如图 5-89 所示。

生成包覆特征的操作步骤如下。

[1] 在 FeatureManager 设计树中选取想包覆的草图。

[2] 单击特征工具栏中的【包覆】按钮 🔲，或依次单击【插入】/【特征】/【包覆】。

[3] 在 PropertyManager 中，在包覆参数下面选择一项：浮雕、蚀雕和刻划。在图形区域为包覆草图的面 🔲选择一个非平面的面。为厚度 🔧设定一个数值。如果必要选择反向。

[4] 如果选择浮雕或蚀雕，可以选取一直线、线性边线或基准面来设定拔模方向 ➚。对于直线或线性边线，拔模方向是选定实体的方向。对于基准面，拔模方向与基准面正交。

[5] 单击【确定】按钮 ✔。

图 5-89　包覆控制板

【例5-15】零件实体模型包覆特征操作

[1] 打开初始文件 "Z5L14.prt"，零件实体模型如图 5-90 所示。

[2] 在右视基准面上绘制草图，如图 5-91 所示。

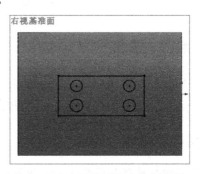

图 5-90　零件实体模型　　　　　　　图 5-91　在右视基准面上绘制草图

[3] 单击特征工具栏中的【包覆】按钮🔲，出现包覆操控板。

[4] 设置包覆属性，在"包覆参数"中单选"浮雕"，在包覆草图的面🔲中选择"面 1"，在厚度🔧中输入的数值为"3.00mm"，在"源草图"下的草图🔲中选择"草图 2"，如图 5-92 所示。

[5] 预览零件实体模型包覆，如图 5-93 所示。

图 5-92　设置包覆属性　　　　　　　　　　图 5-93　预览零件实体模型包覆

[6] 单击【确定】按钮✓，包覆操作后零件实体模型如图 5-94 所示。

图 5-94　包覆操作后零件实体模型

5.6　扣合特征

扣合特征简化了为塑料和钣金零件生成共同特征的过程。扣合可以生成：装配凸台、弹簧扣、弹簧扣凹槽、通风口、唇缘和凹槽。

5.6.1　装配凸台

装配凸台生成各种装配凸台。装配凸台可设定翅片数并选择孔或销钉。

生成装配凸台特征的操作步骤如下。

[1] 单击扣合特征工具栏上的【装配凸台】按钮🛑，或单击【插入】/【扣合特征】/【装配凸台】。出现装配凸台操控板，如图5-95所示。

[2] 设定 PropertyManager 选项。

[3] 单击【确定】按钮 ✓。

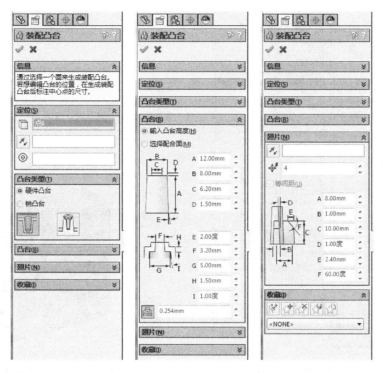

图 5-95　装配凸台操控板

【例5-16】 生成装配凸台扣合特征操作

[1] 打开初始文件 "Z5L15.prt"，零件实体模型如图5-96所示。

[2] 在零件实体模型内底面上绘制草图，如图5-97所示。

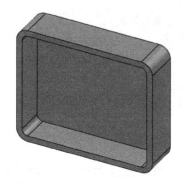

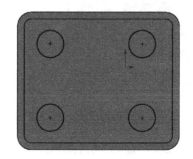

图 5-96　零件实体模型　　　　图 5-97　在零件实体模型内底面上绘制草图

[3] 【插入】/【扣合特征】/【装配凸台】，出现装配凸台操控板。

[4] 设置装配凸台属性，如图5-98所示。

[5] 预览装配凸台扣合特征，如图5-99所示。

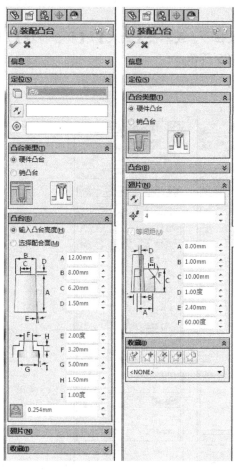

图 5-98　设置装配凸台属性

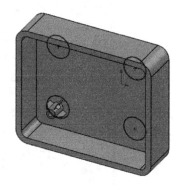

图 5-99　征预览装配凸台扣合特

[6]　单击【确定】按钮 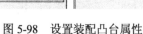，生成一个装配凸台扣合特征，如图 5-100 所示。

[7]　生成所有装配凸台扣合特征的零件实体模型，如图 5-101 所示。

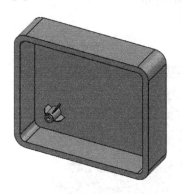

图 5-100　生成一个装配凸台扣合特征

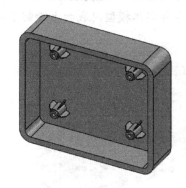

图 5-101　生成所有装配凸台扣合特征的零件实体模型

5.6.2　弹簧扣

弹簧扣命令通常生成用于塑料设计的参数化弹簧扣。自定义弹簧扣和弹簧扣凹槽必须首先生成弹簧扣，然后才能生成弹簧扣凹槽。

生成弹簧扣特征的操作步骤如下。

[1] 单击扣合特征工具栏上的【弹簧扣】按钮🔧，或单击【插入】/【扣合特征】/【弹簧扣】。出现弹簧扣操控板，如图 5-102 所示。

[2] 设定 PropertyManager 选项。

[3] 单击【确定】按钮 ✓。

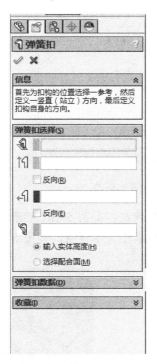
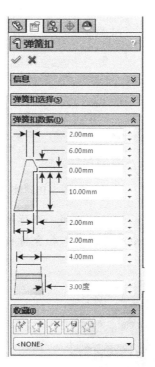

图 5-102　弹簧扣操控板

【例 5-17】　生成弹簧扣扣合特征操作

[1] 打开初始文件"Z5L16.prt"，零件实体模型如图 5-103 所示。

[2] 在零件实体模型内底面上绘制草图，如图 5-104 所示。

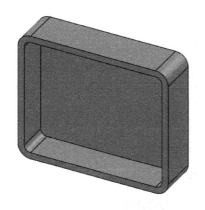

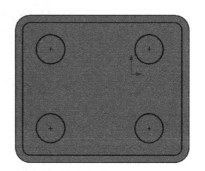

图 5-103　零件实体模型　　　　　图 5-104　在零件实体模型内底面上绘制草图

[3] 单击【插入】/【扣合特征】/【弹簧扣】，出现弹簧扣操控板。

[4] 设置弹簧扣属性，如图 5-105 所示。

[5] 预览弹簧扣特征，如图 5-106 所示。

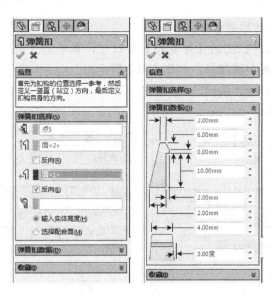

图 5-105　设置弹簧扣属性

[6]　单击【确定】按钮 ，生成一个弹簧扣特征，如图 5-107 所示。

[7]　同样方法再生成所有弹簧扣扣合特征的零件实体模型，如图 5-108 所示。

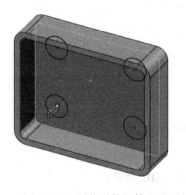

图 5-106　预览弹簧扣特征

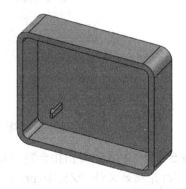

图 5-107　生成一个弹簧扣特征

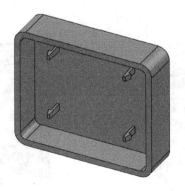

图 5-108　生成所有弹簧扣扣合特征的零件实体模型

5.6.3　弹簧扣凹槽

弹簧扣凹槽命令可生成与所选弹簧扣特征配合的凹槽。必须首先生成弹簧扣，然后才能生成弹簧扣凹槽。

生成弹簧扣凹槽特征的操作步骤如下。

[1] 单击扣合特征工具栏上的【弹簧扣凹槽】按钮⬚，或单击【插入】/【扣合特征】/【弹簧扣凹槽】。出现弹簧扣凹槽操控板，如图 4-106 所示。

[2] 设定 PropertyManager 选项。

[3] 单击【确定】按钮✔。

【例 5-18】 生成弹簧扣凹槽扣合特征操作

[1] 打开初始文件 "Z5L17.prt"，零件实体模型如图 5-110 所示。

[2] 在零件实体模型表面上绘制草图，如图 5-111 所示。

[3] 单击 CommandManager 中特征【凸台-拉伸】按钮⬚，设置凸台-拉伸属性，如图 5-112 所示。

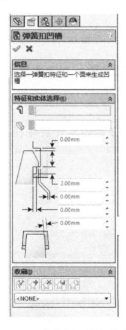

图 5-109 弹簧扣凹槽操控板

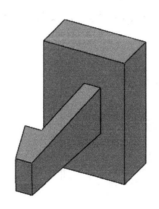

图 5-110 零件实体模型

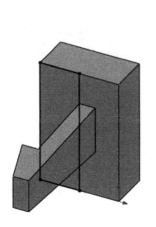

图 5-111 绘制草图

图 5-112 设置凸台-拉伸属性

[4] 预览凸台-拉伸实体特征，如图 5-113 所示。

[5] 单击【确定】按钮 ✅，生成拉伸凸台，如图 5-114 所示。

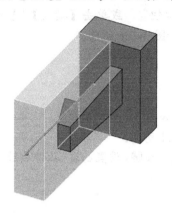
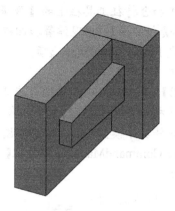

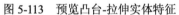

图 5-113　预览凸台-拉伸实体特征　　　　　图 5-114　生成凸台-拉伸实体

[6] 单击【插入】/【扣合特征】/【弹簧扣凹槽】，出现弹簧扣凹槽操控板。

[7] 设置弹簧扣凹槽属性，如图 5-115 所示。

[8] 预览弹簧扣凹槽扣合特征，如图 5-116 所示。

[9] 单击【确定】按钮 ✅，生成一个弹簧扣凹槽扣合特征后的零件实体模型，如图 5-117 所示。

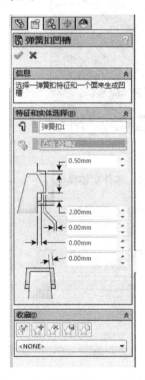

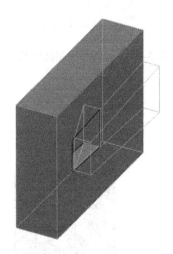

图 5-115　设置弹簧扣凹槽属性　　　　　　　图 5-116　预览弹簧扣凹槽扣合特征

[10] 单击特征工具栏上的【移动/复制实体】按钮 ，出现移动/复制实体操控板。

[11] 设置移动/复制属性，如图 5-118 所示。

[12] 预览移动/复制实体特征，如图 5-119 所示。

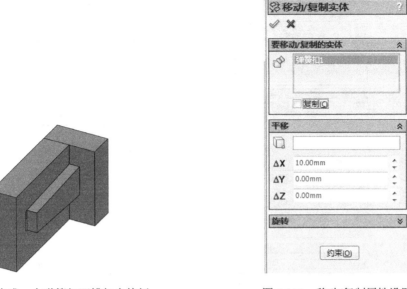

图 5-117　生成一个弹簧扣凹槽扣合特征　　　　图 5-118　移动/复制属性设置

[13] 单击【确定】按钮 ✅，移动/复制实体特征，如图 5-120 所示。

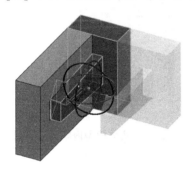

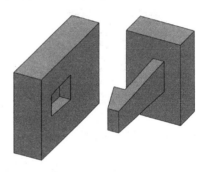

图 5-119　预览移动/复制实体特征　　　　图 5-120　移动/复制实体特征

5.6.4　通风口

通风口命令是使用草图实体，在塑料或板金设计中生成通风口，以供空气流通。通风口命令使用生成的草图生成各种通风口、设定筋和翼梁数、自动计算流动区域。

生成通风口特征的操作步骤如下。

（1）单击扣合特征工具栏上的【通风口】按钮🔲，或单击【插入】/【扣合特征】/【通风口】。出现通风口操控板，如图 5-121 所示。

（2）设定 PropertyManager 选项。

（3）单击【确定】按钮 ✅。

【例 5-19】　生成通风口扣合特征操作

[1]　打开初始文件 "Z5L18.prt"，零件实体模型如图 5-122 所示。

[2]　在零件实体模型内底面上绘制草图，如图 5-123 所示。

[3]　单击扣合特征工具栏上的【通风口】按钮🔲，出现通风口操控板。

[4]　设置通风口属性，如图 5-124 所示。

图 5-121　通风口操控板

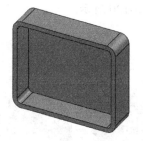

图 5-122　零件实体模型

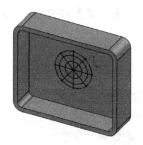

图 5-123　在零件实体模型内底面上绘制草图

图 5-124　设置通风口属性

[5] 预览通风口扣合特征，如图 5-125 所示。

[6] 单击【确定】按钮 ✅，生成通风口特征的零件实体模型，如图 5-126 所示。

图 5-125　预览通风口扣合特征

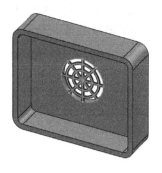

图 5-126　生成通风口特征的零件实体模型

5.6.5　唇缘/凹槽

唇缘/凹槽命令能够生成唇缘、凹槽或通常用于塑料设计中的唇缘和凹槽，并对齐、配合和扣合两个塑料零件。唇缘和凹槽特征支持多实体和装配体。

生成唇缘/凹槽特征的操作步骤如下。

[1] 单击扣合特征工具栏上的【唇缘/凹槽】按钮 🔊，或单击【插入】/【扣合特征】/【唇缘/凹槽】，出现唇缘/凹槽操控板，如图 5-127 所示。

[2] 设定 PropertyManager 选项。

[3] 单击【确定】按钮 ✅。

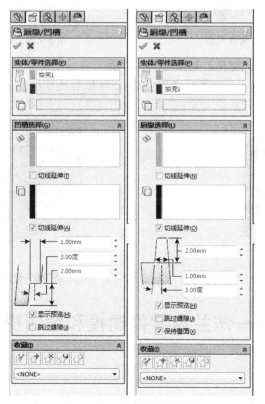

图 5-127　唇缘/凹槽操控板

【例 5-20】 生成唇缘扣合特征操作

[1] 打开初始文件 "Z5L19.prt"，零件实体模型如图 5-128 所示。

[2] 单击扣合特征工具栏上的【唇缘/凹槽】按钮，出现唇缘/凹槽操控板。

[3] 设置唇缘/凹槽属性，如图 5-129 所示。

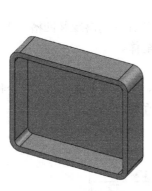

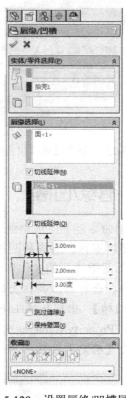

图 5-128　零件实体模型

图 5-129　设置唇缘/凹槽属性

[4] 预览唇缘/凹槽扣合特征，如图 5-130 所示。

[5] 单击【确定】按钮，生成唇缘/凹槽扣合特征后的零件实体模型，如图 5-131 所示。

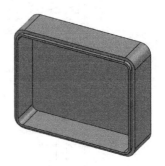

图 5-130　预览唇缘/凹槽扣合特征

图 5-131　生成唇缘/凹槽扣合特征后的零件实件模型

5.7　综合实例——法兰盘零件建模和编辑操作

设计要求

法兰盘零件模型如图 5-132 所示，建立零件模型，并进行编辑材料操作。

图 5-132　法兰盘零件模型

设计思路

（1）分析法兰盘零件结构特点和建模过程。
（2）拉伸生成套筒。
（3）拉伸切除螺栓孔。
（4）对零件材料进行编辑操作。

建立一个新的零件文件并绘制草图

[1] 单击【新建】/【零件】/【确定】，新建一个零件
　　文件。
[2] 在前视基准面中绘制草图，如图 5-133 所示。

拉伸生成套筒

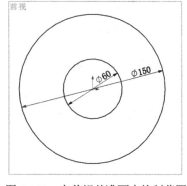

图 5-133　在前视基准面中绘制草图

[1] 单击 CommandManager 特征【凸台-拉伸】按钮，出现拉伸凸台/基体操控板。
[2] 设置凸台-拉伸属性，如图 5-134 所示。
[3] 预览拉伸套筒，如图 5-135 所示。
[4] 单击【确定】按钮，生成拉伸套筒，如图 5-136 所示。

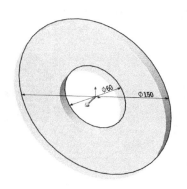

图 5-134　设置凸台-拉伸属性　　　　图 5-135　预览拉伸套筒　　　　图 5-136　生成拉伸套筒

✅ 转换实体草图

[1] 选择套筒的上表面作为草图基准面，单击【草图绘制】按钮 ⊾，如图 5-137 所示。

[2] 选择要转换实体的圆，如图 5-138 所示。

[3] 单击 CommandManager 草图上的【转换实体引用工具】按钮 🗍，转换实体引用圆，如图 5-139 所示。

图 5-137 选择草图基准面

图 5-138 选择要转换实体的圆

图 5-139 转换实体引用圆

✅ 等距实体草图

[1] 选择圆，如图 5-140 所示，单击 CommandManager 草图上的【等距实体工具】按钮 ᄀ。

[2] 设置等距实体属性，如图 5-141 所示。

图 5-140 选择圆

图 5-141 设置等距实体属性

[3] 预览等距实体草图，如图 5-142 所示。

[4] 单击【确定】按钮 ✓，生成等距实体草图，如图 5-143 所示。

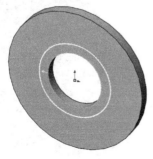

图 5-142 预览等距实体草图

图 5-143 生成等距实体草图

✅ 拉伸生成长套筒

[1] 单击 CommandManager 特征【凸台-拉伸】按钮，出现拉伸凸台/基体操控板。

[2] 设置凸台-拉伸属性，在"方向 1"终止条件选择"给定深度"，在深度 中输入 "5.00mm"，在"方向 2"终止条件选择"给定深度"，在深度 中输入"80.00mm"，如图 5-144 所示。

[3] 预览拉伸长套筒实体特征，如图 5-145 所示。

[4] 单击【确定】按钮，生成拉伸长套筒实体，如图 5-146 所示。

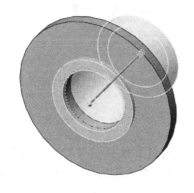

图 5-144　设置凸台-拉伸属性　　图 5-145　预览拉伸长套筒实体特征　　图 5-146　生成拉伸长套筒实体

✅ 绘制螺栓孔草图

[1] 选择模型的上表面作为草图基准面如图 5-147 所示，单击【草图绘制】按钮。

[2] 在基准面上绘制草图，如图 5-148 所示。

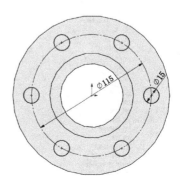

图 5-147　选择草图基准面　　　　　　图 5-148　在基准面上绘制草图

✔ **拉伸切除螺栓孔**

[1] 单击 CommandManager 中的【切除-拉伸】按钮🔲，出现切除-拉伸操控板。

[2] 设置切除-拉伸属性，在"从"中选择"草图基准面"，在"方向 1"终止条件中选择"完全贯穿"，如图 5-149 所示。

[3] 预览切除-拉伸螺栓孔实体特征，如图 5-150 所示。

[4] 单击【确定】按钮 ✅，生成切除-拉伸螺栓孔实体，如图 5-151 所示。

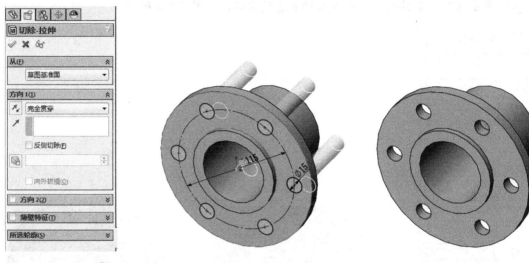

图 5-149　设置切除-拉伸属性　图 5-150　预览切除-拉伸螺栓孔实体特征　图 5-151　生成切除-拉伸螺栓孔实体

✔ **编辑零件材料**

[1] 在零件文档中，单击【编辑材料】按钮 ▤（标准工具栏）。

[2] 在材料编辑器 PropertyManager 中设定属性，如图 5-152 所示。

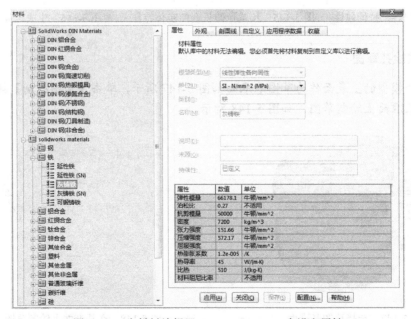

图 5-152　在材料编辑器 PropertyManager 中设定属性

[3] 单击【应用】按钮。材料应用到零件，材料名称普通碳钢出现在 FeatureManager 设计树中，位于灶旁边，如图 5-153 所示。添加材料后的法兰盘零件如图 5-154 所示。

图 5-153　材质名称

图 5-154　添加材料后的法兰盘零件

5.8　本章小结

本章介绍了 SolidWorks 2014 零件实体特征辅助建模的过程和方法。零件实体特征生成后，可以对零件实体特征进行多种编辑和控制操作，可以进行形变特征和扣合特征建模操作。在零件的设计过程中，利用多种方法对零件进行控制操作，使设计工作方便快捷。

5.9　思考与练习

1．思考题

（1）如何运用 Instant3D 动态修改特征？如何进行移动和复制特征操作？

（2）怎样编辑零件的颜色、外观和材料？

（3）如何在零件实体模型尺寸之间生成方程式？

（4）实体交叉多实体技术和桥接技术建立零件模型有什么优点？

（5）形变特征包括哪些特征方法？各有什么特点？

（6）压凹特征与变形特征有什么区别？

（7）扣合特征包括哪几种?简要说明每种扣合特征操作过程。

2．练习题

（1）连杆零件如图 5-155 所示，练习编辑连杆零件的颜色、外观和材料。

（2）建立零件实体模型，如图 5-156 所示，要求使用拉伸凸台/基体、抽壳、装配凸台、通风口、唇缘/凹槽等特征建模工具建立零件实体模型。

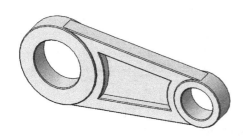

图 5-155　连杆零件

图 5-156　零件实体模型

第6章 曲线曲面特征建模

本章主要介绍曲线和曲面特征建立过程，以及曲面控制操作。曲线设计是曲面设计的基础，曲线工具主要介绍分割曲线、投影曲线、组合曲线、通过 XYZ 点的曲线、通过参考点的曲线和螺旋线/涡状线工具，曲面特征主要讲述拉伸曲面、旋转曲面、扫描曲面、放样曲面、等距曲面、延展曲面、边界曲面、平面区域。通过对曲面控制操作可以生成复杂曲面，这里介绍常用的曲面控制操作命令。

6.1 曲线工具

通过分割线、投影曲线、组合曲线、通过 XYZ 点的曲线、通过参考点的曲线和螺旋线/窝状线曲线工具可以生成多种类型的 3D 曲线。

6.1.1 分割线

分割线命令是将草图投影到弯曲面或平面，从而生成多个单独面。

分割线工具将实体（草图、实体、曲面、面、基准面、或曲面样条曲线）投影到表面、曲面或平面，它将所选面分割成多个单独面，可使用一个命令分割多个实体上的曲线。

生成分割线包括生成投影分割线、生成轮廓分割线、生成交叉分割线。

单击曲线工具栏上的【分割线】按钮 ，或单击菜单【插入】/【曲线】/【分割线】选项，出现分割线操控板，如图 6-1 所示。

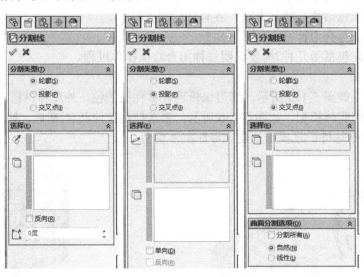

图 6-1 分割线操控板

生成轮廓线的操作步骤如下。

[1] 单击曲线工具栏上的【分割线】按钮，打开分割线操控板。

[2] 在 PropertyManager 中的"分割类型"下选择"轮廓"。

[3] 在"选择"下，选取一个基准面为拔模方向，投影穿过模型的侧影轮廓线（外边线）。为要分割的面选取投影基准面所到之面，面不能是平面。设定角度以生成拔模角。

[4] 单击【确定】按钮。

生成投影分割线的操作步骤如下。

[1] 单击曲线工具栏上的【分割线】按钮，打开分割线操控板。

[2] 在 PropertyManager 中的"分割类型"下选择"投影"。

[3] 在"选择"下，单击一个草图以用于要投影的草图，可从要分割的同一个草图中选择多个轮廓，为要分割的面选取投影草图所用的面，单向往一个方向投影分割线。

[4] 单击【确定】按钮。

生成交叉点分割线的操作步骤如下。

[1] 单击曲线工具栏上的【分割线】按钮，打开分割线操控板。

[2] 在 PropertyManager 中的分割类型下选择交叉点。

[3] 在"选择"下，为分割实体/面/基准面选择分割工具（交叉实体、曲面、面、基准面或曲面样条曲线）。在分割实体/面/基准面中单击，然后选择要投影分割工具的目标面或实体。

[4] 选择曲面分割选项。

[5] 单击【确定】按钮。

【例 6-1】 在零件实体模型上生成分割线

[1] 打开初始文件"Z6L1.prt"。零件实体模型如图 6-2 所示。

[2] 在零件上方建立基准面，并绘制椭圆草图，如图 6-3 所示。

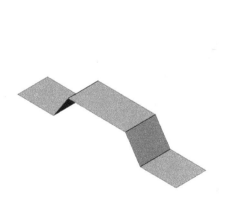

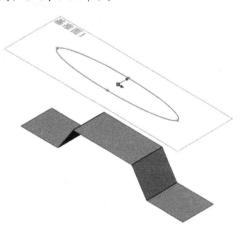

图 6-2　零件实体模型　　　　　图 6-3　建立基准面 1 并绘制椭圆草图

[3] 单击曲线工具栏上的【分割线】按钮，出现分割线操控板。

[4] 设置分割线属性，在"分割类型"中选择"投影"，在"选择"下，在要投影草图中选择当前草图"草图 2"，在分割实体/面/基准面中选择"面<1>"、"面<2>"、"面<3>"、"面<4>"、"面<5>"，选择"单向"，如图 6-4 所示。

[5] 单击【确定】按钮，生成投影分割线，如图 6-5 所示。

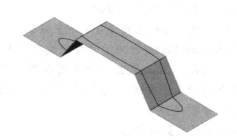

图 6-4　设置分割线属性　　　　　　　　　　图 6-5　生成投影分割线

6.1.2　投影曲线

　　投影曲线命令是将所绘制的曲线投影到面或草图上。可以将绘制的曲线投影到模型面上来生成一条 3D 曲线。也可以先在两个相交的基准面上分别绘制草图，此时系统会将每一个草图沿所在平面的垂直方向投影得到一个曲面，最后这两个曲面在空间中相交而生成一条 3D 曲线。

　　单击曲线工具栏上的【投影曲线】按钮，或单击菜单【插入】/【曲线】/【投影曲线】选项，出现投影曲线操控板，如图 6-6 所示。

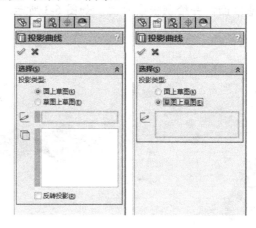

图 6-6　投影曲线操控板

生成投影曲线的操作步骤如下。

[1]　单击曲线工具栏上的【投影曲线】按钮，出现投影曲线 PropertyManager 操控板。

[2]　在 PropertyManager 的选择下，将投影类型设定为以下之一。

●　面上草图。在要投影的草图下，在图形区域或弹出的 FeatureManager 设计树中选择曲线。在投影面下，选择模型上想投影草图的圆柱面。如有必要，选择"反转投影"复选框，或单击图形区域中的孔标。

- 草图上草图。在相交的两个基准面上各绘制一个草图，完成后关闭每个草图。对正这两个草图轮廓，以使当它们垂直于草图基准面投影时，所隐含的曲面将会相交，从而生成所需结果。在"要投影的草图" 下，在弹出的 FeatureManager 设计树中或图形区域选择两个草图。

[3] 单击【确定】按钮 ✓。

【例 6-2】 零件实体模型上绘制投影曲线

[1] 打开初始文件 "Z6L2.prt"。零件实体模型如图 6-7 所示。

[2] 在零件上方建立基准面，并绘制椭圆草图，如图 6-8 所示。

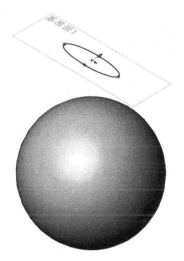

图 6-7　零件实体模型　　　　　　　　　图 6-8　建立基准面 1 并绘制椭圆草图

[3] 单击曲线工具栏上的【投影曲线】按钮 ，出现投影曲线操控板。

[4] 设置投影曲线属性，在"选择"投影类型中选择"面上草图"，在要投影草图 中选择"草图 2"，在投影面 中选择"面<1>"，选择"反转投影"复选框，如图 6-9 所示。

[5] 预览面上草图投影曲线，如图 6-10 所示。

[6] 单击【确定】按钮 ✓，生成面上草图投影曲线，如图 6-11 所示。

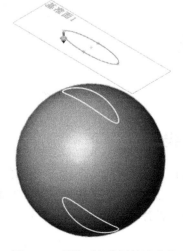
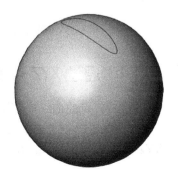

图 6-9　设置投影曲线属性　　　　图 6-10　预览面上草图投影曲线　　　图 6-11　生成面上草图投影曲线

6.1.3　组合曲线

组合曲线命令是将所选边线、曲线和草图组合成单一曲线，并使用该曲线作为生成放样或扫描的引导曲线。

单击曲线工具栏上的【组合曲线】按钮 ⌐，或单击菜单【插入】/【曲线】/【组合曲线】选项，出现组合曲线操控板，如图 6-12 所示。

图 6-12　组合曲线操控板

生成组合曲线的操作步骤如下。

[1]　单击曲线工具栏上的【组合曲线】按钮⌐，或单击菜单【插入】/【曲线】/【组合曲线】选项。

[2]　单击要组合的项目（草图实体、边线等）。

[3]　单击【确定】按钮 ✓。

【例 6-3】零件实体模型上生成组合曲线

[1]　打开初始文件"Z6L3.prt"，零件实体模型如图 6-13 所示。

[2]　单击曲线工具栏上的【组合曲线】按钮⌐，出现组合曲线操控板。

[3]　设置组合曲线属性，在"要连接的实体"中选择"边线<1>"、"边线<2>"、"边线<3>"、"边线<4>"、"边线<5>"、"边线<6>"、"边线<7>"、"边线<8>"，如图 6-14 所示。

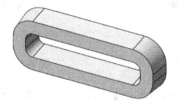

图 6-13　零件实体模型　　　　　　　　　　　图 6-14　设置组合曲线属性

[4]　预览组合曲线，如图 6-15 所示。

[5]　单击【确定】按钮 ✓，生成组合曲线，如图 6-16 所示。

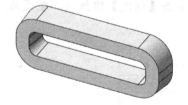

图 6-15　预览组合曲线　　　　　　　　　　图 6-16　生成组合曲线

6.1.4　通过 XYZ 点的曲线

通过 XYZ 点的曲线能够添加通过所定义的 X、Y 及 Z 坐标的曲线。

单击曲线工具栏上的【通过 XYZ 点的曲线】按钮 ⌐，或单击菜单【插入】/【曲线】/【通过 XYZ 点的曲线】选项，出现曲线文件操控板，如图 6-17 所示。

图 6-17　曲线文件操控板

生成通过 XYZ 点的曲线的操作步骤如下。

[1]　单击曲线工具栏上的【通过 XYZ 点的曲线】按钮，或单击菜单【插入】/【曲线】/【通过 XYZ 点的曲线】选项。

[2]　通过双击 X、Y 和 Z 坐标列中的单元格，并在每个单元格中输入一个点坐标，生成一套新的坐标。

[3]　单击【确定】按钮以显示曲线。

【例 6-4】生成一条通过 XYZ 点的曲线

[1]　单击曲线工具栏上的【通过 XYZ 点的曲线】按钮，出现通过 XYZ 点的曲线文件操控板。

[2]　设置通过 XYZ 点的曲线文件，双击 X、Y 和 Z 坐标列中的单元格，并在每个单元格中输入一个点坐标，生成一套新的坐标，如图 6-18 所示。

[3]　预览通过 XYZ 点的曲线，如图 6-19 所示。

[4]　单击【确定】按钮，生成通过 XYZ 点的曲线，如图 6-20 所示。

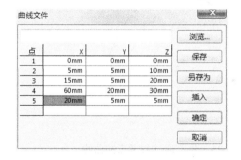

图 6-18　通过 XYZ 点的曲线文件设置　　图 6-19　预览曲线　　图 6-20　生成通过 XYZ 点的曲线

6.1.5　通过参考点的曲线

通过参考点的曲线能够添加通过位于一个或多个基准面上所选参考点的曲线。

单击曲线工具栏上的【通过参考点的曲线】按钮，或单击菜单【插入】/【曲线】/【通过参考点的曲线】选项，出现通过参考点的曲线操控板，如图 6-21 所示。

生成通过参考点的曲线的操作步骤如下。

[1]　单击曲线工具栏上的【通过参考点的曲线】按钮，或单击菜单【插入】/【曲线】/【通过参考点的曲线】选项，出现通过参考点的曲线 PropertyManager

图 6-21　通过参考点的曲线操控板

操控板。

[2] 按照要生成曲线的次序来选择草图点或顶点，或选择两者。

[3] 如果想将曲线封闭，选择"闭环曲线"复选框。

[4] 单击【确定】按钮 ✅。

【例 6-5】 生成一条通过位于多个基准面上点的曲线

[1] 打开初始文件 "Z6L4.prt"。零件实体模型如图 6-22 所示。

[2] 在零件实体模型面绘制点，隐藏线显示，如图 6-23 所示。

 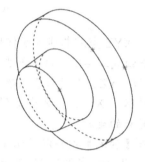

图 6-22　零件实体模型　　　　　　图 6-23　在零件实体模型面绘制点

[3] 单击曲线工具栏上的【通过参考点的曲线】按钮 🖳，出现通过参考点的曲线操控板。

[4] 设置通过参考点的曲线属性，在"通过点"下按照要生成曲线的次序来选择草图点，如图 6-24 所示。

[5] 预览通过参考点的曲线，如图 6-25 所示。

 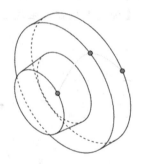

图 6-24　通过参考点的曲线属性设置　　　图 6-25　预览通过参考点的曲线

[6] 单击【确定】按钮 ✅，生成一条通过参考点的曲线，如图 6-26 所示。

[7] 零件实体模型带边线上色显示，如图 6-27 所示。

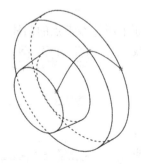 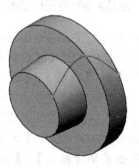

图 6-26　生成一条通过参考点的曲线　　　图 6-27　零件实体模型带边线上色显示

6.1.6　螺旋线/窝状线

螺旋线/窝状线命令是从一个绘制的圆上添加一条螺旋线或窝状线，可在零件中生成螺旋线和涡状线曲线，此曲线可以被当成一个路径或引导曲线使用在扫描的特征上，或作为放样特征的引导曲线。

单击曲线工具栏上的【螺旋线/涡状线】按钮，或单击菜单【插入】/【曲线】/【螺旋线/涡状线】选项，出现螺旋线/涡状线操控板，如图 6-28 所示。

图 6-28　螺旋线/涡状线操控板

生成螺旋线/窝状线的操作步骤如下。

[1]　在零件中进行以下操作之一。

● 　打开一个草图并绘制一个圆。

● 　选择包含一个圆的草图。

此圆的直径能够控制螺旋线或涡状线的开始直径。

[2]　单击曲线工具栏上的【螺旋线/涡状线】按钮，或单击菜单【插入】/【曲线】/【螺旋线/涡状线】选项。

[3]　在螺旋线/涡状线 PropertyManager 中设定数值。

[4]　单击【确定】按钮。

【例 6-6】生成一条螺旋线

[1]　打开初始文件 "Z6L5.prt"，零件实体模型如图 6-29 所示。

[2]　在前表面上绘制一个圆草图，如图 6-30 所示。

[3]　单击曲线工具栏上的【螺旋线/涡状线】按钮，出现螺旋线/涡状线操控板。

[4]　设置螺旋线/涡状线，在 "定义方式" 中选择 "高度和圈数"，在 "参数" 中选择 "恒定螺距"，在 "高度" 中输入 "80.00mm"，复选 "反向"，在 "圈数" 中输入 "5"，在 "起始角度" 中输入 "180.00 度"，选择 "顺时针"，如图 6-31 所示。

[5]　预览螺旋线，如图 6-32 所示。

[6]　单击【确定】按钮，生成一条螺旋线，如图 6-33 所示。

图 6-29　零件实体模型　　　　　图 6-30　在前表面上绘制一个圆草图

图 6-31　设置螺旋线/涡状线　　　图 6-32　预览螺旋线　　　　图 6-33　生成一条螺旋线

6.2　曲面特征

曲面命令可用来生成实体特征的几何体。曲面建模是以点和线为基础生成曲面，从而进行下一步的建模。SolidWorks 2014 提供了曲面-拉伸、曲面-旋转、曲面-扫描、曲面-放样、等距曲面、延展曲面、边界曲面、平面曲面等生成曲面的方法。

6.2.1　曲面-拉伸

曲面-拉伸命令能够生成一个拉伸曲面。曲面-拉伸和凸台-拉伸的方法基本相近，先绘制一条草图曲线，再对草图曲线进行拉伸，从而形成拉伸曲面，曲线可以是开放或封闭的。

单击曲面工具栏上的【曲面-拉伸】按钮 ，或单击菜单【插入】/【曲面】/【曲面-拉伸】选项，出现曲面-拉伸 PropertyManager 操控板，如图 6-34 所示。

生成拉伸曲面的操作步骤如下。

[1]　绘制曲面的轮廓。

[2]　单击曲面工具栏上的【曲面-拉伸】按钮 ，或单击菜单【插入】/【曲面】/【曲面-拉伸】选项。

[3]　设定 PropertyManager 选项。

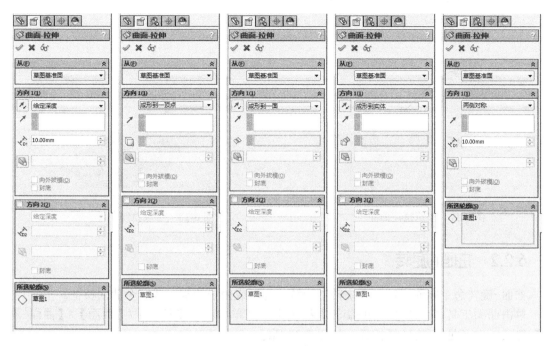

图 6-34 曲面-拉伸操控板

[4] 单击【确定】按钮 。

【例6-7】 生成拉伸曲面操作

[1] 单击【新建】/【零件】/【确定】，新建一个零件文件。

[2] 在前视基准面上绘制一条样条曲线草图，如图 6-35 所示。

[3] 单击曲面工具栏上的【曲面-拉伸】按钮 ，出现曲面-拉伸操控板。

[4] 设置拉伸曲面属性，在"从"中选择"草图基准面"，在"方向1"中选择"给定深度"，在深度 中输入"30.00mm"，如图 6-36 所示。

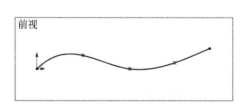

图 6-35 绘制一条样条曲线草图

图 6-36 设置拉伸曲面属性

[5] 预览拉伸曲面，如图 6-37 所示。

[6] 单击【确定】按钮 ，隐藏前视基准面，生成拉伸曲面，如图 6-38 所示。

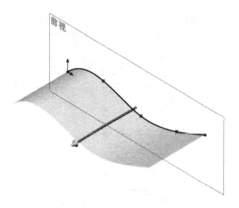

图 6-37　预览拉伸曲面

图 6-38　生成拉伸曲面

6.2.2　曲面-旋转

曲面-旋转命令能够通过一个绕轴心旋转的开环或闭合轮廓生成一个曲面特征。

单击曲面工具栏上的【曲面-旋转】按钮，或单击菜单【插入】/【曲面】/【曲面-旋转】选项，出现曲面-旋转操控板，如图 6-39 所示。

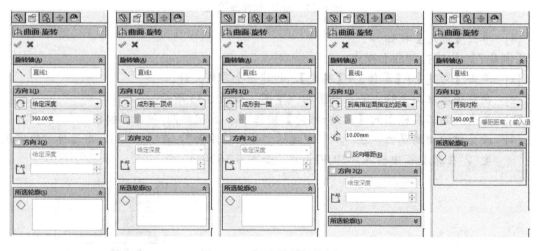

图 6-39　曲面-旋转操控板

生成旋转曲面的操作步骤如下。

[1]　绘制一个轮廓及它将绕着旋转的中心线。

[2]　单击曲面工具栏上的【曲面-旋转】按钮，或单击菜单【插入】/【曲面】/【曲面-旋转】选项。

[3]　设定 PropertyManager 选项。

[4]　单击【确定】按钮。

【例 6-8】生成旋转曲面操作

[1]　单击【新建】/【零件】/【确定】，新建一个零件文件。

[2]　在前视基准面上绘制旋转曲线和中心线草图，如图 6-40 所示。

[3]　单击曲面工具栏上的【曲面-旋转】按钮，出现曲面-旋转操控板。

[4]　设置旋转曲面属性，在"旋转轴"中选择"直线 1"，在"方向 1"中选择"给定深度"，在角度中输入"360.00 度"，如图 6-41 所示。

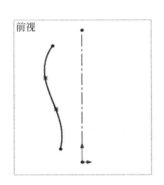

图 6-40　绘制旋转曲线和中心线　　　　图 6-41　设置旋转曲面属性

[5]　预览旋转曲面，如图 6-42 所示。

[6]　单击【确定】按钮 ✅，隐藏前视基准面，生成旋转曲面，如图 6-43 所示。

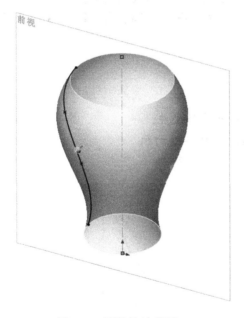

图 6-42　预览旋转曲面　　　　　　图 6-43　生成旋转曲面

6.2.3　曲面-扫描

曲面-扫描命令是通过沿开环或闭合路径来扫描一个开环或闭合轮廓，从而生成一个曲面特征。

单击曲面工具栏上的【曲面-扫描】按钮 🗗，或单击菜单【插入】/【曲面】/【曲面-扫描】选项，出现曲面-扫描操控板，如图 6-44 所示。

生成扫描曲面的操作步骤如下。

[1]　为绘制扫描轮廓、扫描路径和引导线（如果需要）生成基准面。

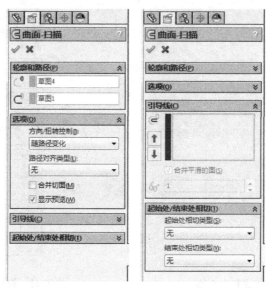

图 6-44　曲面-扫描操控板

[2]　在建立的基准面上绘制扫描轮廓和路径。

[3]　如果使用引导线，在引导线与轮廓之间建立重合或穿透几何关系。

[4]　单击曲面工具栏上的【曲面-扫描】按钮，或单击菜单【插入】/【曲面】/【曲面-扫描】选项。

[5]　设定 PropertyManager 选项。

[6]　单击【确定】按钮。

【例 6-9】生成扫描曲面操作

[1]　单击【新建】/【零件】/【确定】，新建一个零件文件。

[2]　在前视基准面上绘制直线扫描路径草图，如图 6-45 所示。

[3]　在前视基准面上绘制第一条引导线草图，如图 6-46 所示。

图 6-45　前视基准面上绘制直线扫描路径草图

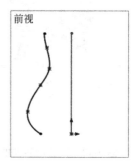

图 6-46　前视基准面上绘制第一条引导线草图

[4]　在右视基准面上绘制第二条引导线草图，如图 6-47 所示。

[5]　在上视基准面上绘制扫描轮廓草图，如图 6-48 所示。单击【关闭草图】按钮。

[6]　单击曲面工具栏上的【曲面-扫描】按钮，出现曲面-扫描操控板。

[7]　设置扫描曲面属性，在"轮廓和路径"下，在轮廓中选择"草图 4"，在路径中选择"草图 1"，在"选项—方向/扭转控制"中选择"随路径变化"，然后选择"显示预览"，在"引导线"中选择"草图 2"、"草图 3"，选择"合并平滑的面"，如图 6-49 所示。

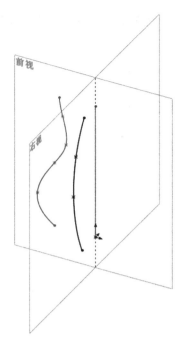

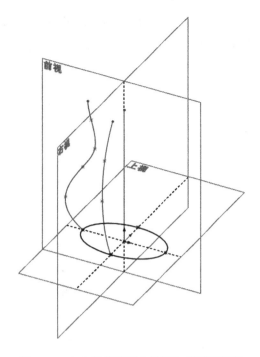

图 6-47　在右视基准面上绘制第二条引导线草图　　　　图 6-48　在上视基准面上绘制扫描轮廓草图

[8]　预览扫描曲面，如图 6-50 所示。

[9]　单击【确定】按钮 ✅，生成扫描曲面，如图 6-51 所示。

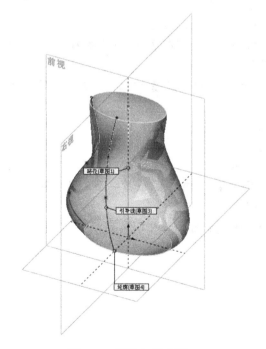

图 6-49　设置扫描曲面属性　　　　图 6-50　预览扫描曲面　　　　图 6-51　生成扫描曲面

6.2.4　曲面–放样

曲面–放样命令是在两个或多个轮廓之间生成一个曲面–放样。

单击曲面工具栏上的【曲面-放样】按钮，或单击菜单【插入】/【曲面】/【曲面-放样】选项，出现曲面-放样操控板，如图 6-52 所示。

图 6-52　曲面-放样操控板

生成放样曲面的操作步骤如下。

[1]　为放样的每个轮廓截面建立基准面。

[2]　在基准面上绘制截面轮廓。可在单一 3D 草图内生成所有界面和引导线草图。

[3]　如有必要，生成引导线。

[4]　单击曲面工具栏上的【曲面-放样】按钮，或单击菜单【插入】/【曲面】/【曲面-放样】选项。

[5]　设定 PropertyManager 选项。

[6]　单击【确定】按钮。

【例 6-10】　生成放样曲面操作

[1]　单击【新建】/【零件】/【确定】，新建一个零件文件。

[2]　建立基准面，如图 6-53 所示。

[3]　在各基准面上绘制曲线草图，如图 6-54 所示。

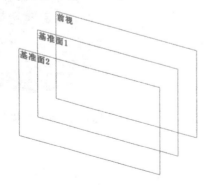

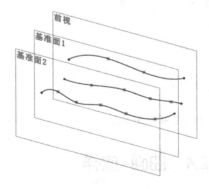

图 6-53　建立基准面　　　　　　　　图 6-54　在各基准面上绘制曲线草图

[4] 单击曲面工具栏上的【曲面-放样】按钮🐟，出现放样曲面操控板。

[5] 设置放样曲面属性，在"轮廓"中选择"草图 1"、"草图 2"、"草图 3"，在"选项"中选择"合并切面"、"显示预览"，如图 6-55 所示。

[6] 预览放样曲面，如图 6-56 所示。

[7] 单击【确定】按钮✅，生成放样曲面，如图 6-57 所示。

图 6-55 设置放样曲面属性

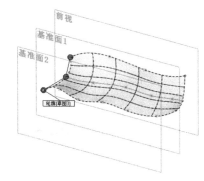

图 6-56 预览放样曲面

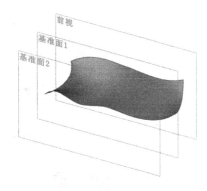

图 6-57 生成放样曲面

6.2.5 等距曲面

等距曲面命令是使用一个或多个相邻的面来生成等距的曲面。

单击曲面工具栏上的【等距曲面】按钮🖿，或单击菜单【插入】/【曲面】/【等距曲面】选项，出现等距曲面 PropertyManager 操控板，如图 6-58 所示。

生成等距曲面的操作步骤如下。

[1] 单击曲面工具栏上的【等距曲面】按钮🖿，或单击菜单【插入】/【曲面】/【等距曲面】选项。

[2] 在 PropertyManager 中，为要等距的曲面或面🖳在图形区域中选择曲面或面，为等距距离设定一数值。如有必要，单击【反转】按钮🖈来更改等距的方向。

[3] 单击【确定】按钮✅。

图 6-58 等距曲面操控板

【例 6-11】 生成等距曲面操作

[1] 打开初始文件"Z6L6.prt"，曲面模型如图 6-59 所示。

[2] 单击曲面工具栏上的【等距曲面】按钮🖿，出现等距曲面操控板。

[3] 设置等距曲面属性，在"等距参数"中选择"面<1>"，在"等距距离"中输入"20.00mm"，单击【反转】按钮🖈来更改等距的方向、如图 6-60 所示。

图 6-59　曲面模型

图 6-60　设置等距曲面属性

[4]　预览等距曲面，如图 6-61 所示。

[5]　单击【确定】按钮 ✅，生成等距曲面，如图 6-62 所示。

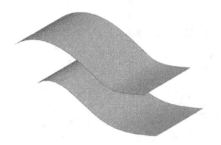

图 6-61　预览等距曲面

图 6-62　生成等距曲面

6.2.6　延展曲面

延展曲面命令是从一条平行于基准面的边线来开始延展曲面的。

单击曲面工具栏上的【延展曲面】按钮 ⊜，或单击菜单【插入】/【曲面】/【延展曲面】选项，出现延展曲面操控板，如图 6-63 所示。

生成延展曲面的操作步骤如下。

[1]　单击曲面工具栏上的【延展曲面】按钮 ⊜，或单击菜单【插入】/【曲面】/【延展曲面】选项。

[2]　在 PropertyManager 中，在"延展参数"下面，在图形区域中选择一个与曲面延展方向平行的面或基准面，为要延展的边线 ⊜ 在图形区域中选择一条边线或一组连续边线。如有必要，单击【反转】按钮 🔄 以相反方向延展曲面。如果模型有相切面并且希望延展的曲面沿这些面继续，选择"沿切面延伸"。设置延展距离 ↙ 来决定延展的曲面的宽度。

图 6-63　延展曲面操控板

[3]　单击【确定】按钮 ✅。

【例 6-12】生成延展曲面操作

[1]　打开初始文件"Z6L7.prt"，曲面模型如图 6-64 所示。

[2]　单击曲面工具栏上的【延展曲面】按钮 ⊜，出现延展曲面操控板。

[3]　设置延展曲面属性，在"延展参数"中选择"前视基准面"，为要延展的边线 ⊜ 选择"边线<1>"，在延展距离 ↙ 中输入"10.00mm"，如图 6-65 所示。

图 6-64　曲面模型

图 6-65　设置延展曲面属性

[4]　预览延展曲面，如图 6-66 所示。

[5]　单击【确定】按钮 ✅，生成延展曲面，如图 6-67 所示。

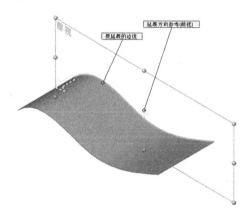

图 6-66　预览延展曲面

图 6-67　生成延展曲面

6.2.7　边界曲面

边界曲面命令是以双向在轮廓之间生成边界曲面。

边界曲面特征可用于生成在两个方向上（曲面所有边）相切或曲率连续的曲面。大多数情况下，这样产生的结果比放样工具产生的结果质量更高。消费性产品设计师及需要高质量曲率连续曲面的人可以使用此工具。

单击曲面工具栏上的【边界曲面】按钮 ❖，或单击菜单【插入】/【曲面】/【边界曲面】选项，出现边界曲面 PropertyManager 操控板，如图 6-68 所示。

生成边界曲面的操作步骤如下。

[1]　单击曲面工具栏上的【边界曲面】按钮 ❖，或单击菜单【插入】/【曲面】/【边界曲面】选项。

[2]　设置 PropertyManager 选项。

[3]　单击【确定】按钮 ✅。

【例 6-13】 生成边界曲面操作

[1]　单击【新建】/【零件】/【确定】，新建一个零件文件。

[2]　建立基准面，如图 6-69 所示。

[3]　在各基准面上绘制草图，如图 6-70 所示。

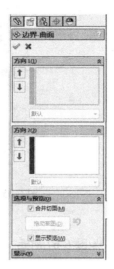

图 6-68　边界曲面操控板

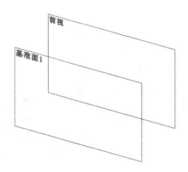

图 6-69　建立基准面

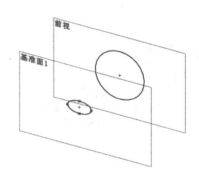

图 6-70　在各基准面上绘制草图

[4]　单击曲面工具栏上的【边界曲面】按钮，出现边界曲面操控板。

[5]　设置边界曲面属性，在"方向 1"中选择"草图 1"、"草图 2"，在"选项与预览"中选择"合并切面"、"显示预览"，如图 6-71 所示。

[6]　预览边界曲面，如图 6-72 所示。

[7]　单击【确定】按钮，生成边界曲面，如图 6-73 所示。

图 6-71　设置边界曲面属性

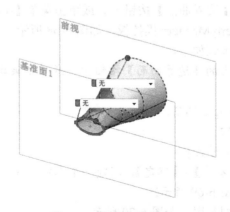

图 6-72　预览边界曲面

图 6-73　生成边界曲面

6.2.8　平面区域

图 6-74　平面操控板

平面区域命令能够使用草图或一组边线来生成平面区域。利用该命令可以由草图生成有边界的平面，草图可以是封闭轮廓，也可以是一对平面实体。

单击曲面工具栏上的【平面区域】按钮■，或单击菜单【插入】/【曲面】/【平面区域】选项，出现平面 PropertyManager 操控板，如图 6-74 所示。

生成平面区域的操作步骤如下。

（1）单击曲面工具栏上的【平面区域】按钮■，或单击菜单【插入】/【曲面】/【平面区域】选项。

（2）在 PropertyManager 中，为边界实体◇在零件中选择一组闭合边线，组中所有边线必须位于同一基准面上。或在 PropertyManager 中，为边界实体◇在图形区域中选择草图或选择 FeatureManager 设计树。

（3）单击【确定】按钮 ✓。

【例 6-14】生成平面区域操作

[1]　打开初始文件"Z6L8.prt"，零件实体模型如图 6-75 所示。

[2]　单击曲面工具栏上的【平面区域】按钮■，出现平面区域操控板。

[3]　设置平面区域属性，在"边界实体"中选择"边线<1>"、"边线<2>"、"边线<3>"、"边线<4>"、"边线<5>"、"边线<6>"、"边线<7>"、"边线<8>"，如图 6-76 所示。

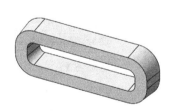

图 6-75　零件实体模型

图 6-76　设置平面区域属性

[4]　预览平面区域，如图 6-77 所示。

[5]　单击【确定】按钮 ✓，生成平面区域，如图 6-78 所示。

图 6-77　预览平面区域

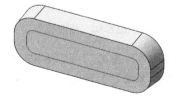

图 6-78　生成平面区域

6.3　面控制

可以通过曲面控制工具对曲面进行编辑和修改。SolidWorks 2014 提供了延伸曲面、圆角曲面、缝合曲面、中面、填充曲面、剪裁曲面、解除裁剪曲面、删除面和替换面等曲面控制工具。

6.3.1 延伸曲面

图 6-79 延伸曲面操控板

延伸曲面命令是根据终止条件和延伸类型来延伸边线、多条边线或曲面上的面。曲面的延伸是将已有曲面按照设定方式在选定的方向上进行延伸，可以选择一条或多条边线，或选择一个面来延伸。

单击曲面工具栏上的【延伸曲面】按钮 ，或单击菜单【插入】/【曲面】/【延伸曲面】选项，出现延伸曲面 PropertyManager 操控板，如图 6-79 所示。

延伸曲面的操作步骤如下。

[1] 单击曲面工具栏上的【延伸曲面】按钮 ，或单击菜单【插入】/【曲面】/【延伸曲面】选项。

[2] 在 PropertyManager 中，在延伸的边线/面下，在图形区域中为所选面/边线 选择一条或多条边线或面。选择终止条件类型。选择一延伸类型。

[3] 单击【确定】按钮 。

【例 6-15】生成延伸曲面操作

[1] 打开初始文件 "Z6L11.prt"，曲面模型如图 6-80 所示。

[2] 单击曲面工具栏上的【延展曲面】按钮 ，出现延展曲面操控板。

[3] 设置延伸曲面属性，在 "拉伸的边线/面" 中为所选面/边线 选择 "边线<1>"，在 "终止条件" 选择 "距离"，在距离 中输入 "7.00mm"，在 "延伸类型" 中选择 "线性"，如图 6-81 所示。

图 6-80 曲面模型

图 6-81 设置延伸曲面属性

[4] 预览延伸曲面，如图 6-82 所示。

[5] 单击【确定】按钮 ，生成延伸曲面，如图 6-83 所示。

图 6-82 预览延伸曲面

图 6-83 生成延伸曲面

6.3.2　圆角曲面

圆角命令是沿实体或曲面特征中的一条或多条边线来生成圆形内部或外部面。对于曲面实体中以一定角度相交的两个相邻面，可使用圆角以使其之间的边线平滑。

单击曲面工具栏上的【圆角】按钮◎，或单击菜单【插入】/【曲面】/【圆角】选项，出现圆角操控板，如图 6-84 所示。

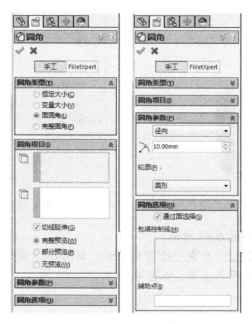

图 6-84　圆角操控板

在曲面之间生成面圆角的操作步骤如下。

[1]　生成两个曲面（曲面不需要相邻）。

[2]　单击曲面工具栏上的【圆角】按钮◎，或单击菜单【插入】/【曲面】/【圆角】选项。

[3]　在操控板中的圆角类型下选择面圆角。

[4]　在圆角项目下，设定【半径】◎值。

[5]　为面组 1 在图形区域中选择要圆角化的第一个面。预览箭头指示面圆角的方向。

[6]　在面组 2 中单击，然后在图形区域中选择要圆角化的第二个面。如有必要，单击【反转】按钮◎，这样箭头指向相互间。

[7]　设定其他 PropertyManager 选项。在圆角选项下，剪裁曲面选项只适用于使用曲面的面圆角。

[8]　单击【确定】按钮◎。

【例 6-16】生成圆角曲面操作

[1]　单击【新建】/【零件】/【确定】，新建一个零件文件。

[2]　建立拉伸曲面，如图 6-85 所示。

[3]　单击曲面工具栏上的【圆角】按钮◎，出现圆角 PropertyManager 操控板。

[4]　设置圆角属性，在"圆角类型"中选择"面圆角"，在"圆角项目"中面组 1 选择"面<1>"，面组 2 选择"面<2>"，复选"切线延伸"，选择"完整预览"，在"圆角参数"中半径◎输入"5.00mm"，在"圆角选项"中选择"通过面选择"，剪裁曲面选择"剪裁和附加"，如图 6-86 所示。

图 6-85　拉伸曲面

图 6-86　设置圆角属性

[5]　预览圆角曲面，如图 6-87 所示。

[6]　单击【确定】按钮 ✅，生成一个圆角曲面，如图 6-88 所示。

[7]　同样方法生成其他圆角曲面，如图 6-89 所示。

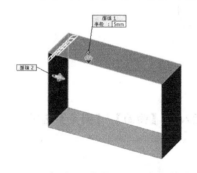

图 6-87　预览圆角曲面

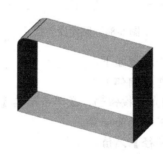

图 6-88　生成一个圆角曲面

图 6-89　生成其他圆角曲面

6.3.3　缝合曲面

缝合曲面命令是将两个或多个相邻、不相交的曲面组合在一起，即将相连的曲面连接为一个曲面。

单击曲面工具栏上的【缝合曲面】按钮 🗐，或单击菜单【插入】/【曲面】/【缝合曲面】选项，出现缝合曲面 PropertyManager 操控板，如图 6-90 所示。

缝合曲面的操作步骤如下。

[1]　单击曲面工具栏上的【缝合曲面】按钮 🗐，或单击菜单【插入】/【曲面】/【缝合曲面】选项。

[2]　在 PropertyManager 下，为要缝合的曲面和面 ◇ 选择面和

图 6-90　缝合曲面操控板

曲面。选择"尝试形成实体"从闭合的曲面生成一实体模型。选定"合并实体"将面与相同的内在几何体进行合并。

[3] 选择"缝隙控制"查看可引发缝隙问题的边线对组，并查看或编辑"缝合公差"或"缝隙范围"。查看"缝合公差"，如有必要，将之进行修改。

[4] 缝隙范围依赖于缝合公差。只有位于选定的缝隙范围之内的缝隙才会列举，如有必要，可修改缝隙范围。

[5] 单击【确定】按钮 ✅。

【例6-17】生成缝合曲面操作

[1] 打开初始文件 "Z6L10.prt"，曲面模型如图6-91所示。

[2] 单击曲面工具栏上的【缝合曲面】按钮🎁，出现缝合曲面操控板。

[3] 设置缝合曲面属性，在"选择"中要缝合的曲面和面 🖋 选择"曲面-基准面1"、"曲面-延伸1"，如图6-92所示。

图6-91　曲面模型　　　　　　　　图6-92　设置缝合曲面属性

[4] 预览缝合曲面，如图6-93所示。

[5] 单击【确定】按钮 ✅，生成缝合曲面，如图6-94所示。

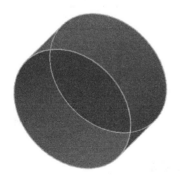

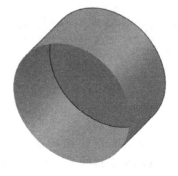

图6-93　预览缝合曲面　　　　　　图6-94　生成缝合曲面

6.3.4　中面

中面命令是在等距面组之间生成中面。中面工具🗐可在实体上合适的所选双对面之间生成中面，合适的双对面应从彼此等距，面必须属于同一实体。

单击曲面工具栏上的【中面】按钮🗐，或单击菜单【插入】/【曲面】/【中面】选项，出现中面 PropertyManager 操控板，如图 6-95 所示。

生成中面的操作步骤如下。

[1] 单击曲面工具栏上的【中面】按钮 ，或单击菜单【插入】/
【曲面】/【中面】选项。

[2] 在"选择"下，从图形区域中选择一单对双对面、多对双对
面。从 PropertyManager 中选择"查找双对面"，让系统扫描
模型上所有合适的双对面，查找双对面时会自动过滤，去除
不合适的双对面。

[3] 使用定位将中面放置在双对面之间，默认为 50%。此位置从
面 1 开始，出现在面 1 和面 2 之间。

[4] 当使用"查找双对面"时，指定一识别阈值来过滤结果。

[5] 选择"缝合曲面"来生成缝合曲面，或消除此选项来保留单
个曲面。

[6] 单击【确定】按钮 。

图 6-95　中面操控板

【例 6-18】 生成中面操作

[1] 打开初始文件"Z6L11.prt"，零件实体模型如图 6-96 所示。

[2] 单击曲面工具栏上的【中面】按钮 ，出现中面操控板。

[3] 设置中面属性，选择模型的前面和后面作为双对面的"面 1"、"面 2"，如图 6-97 所示。

图 6-96　零件实体模型

图 6-97　设置中面属性

[4] 预览中面，如图 6-98 所示。

[5] 单击【确定】按钮 ，生成中面，如图 6-99 所示。

图 6-98　预览中面

图 6-99　生成中面

6.3.5 填充曲面

填充曲面命令是在现有模型边线、草图或曲线所定义的边框内建造曲面修补。

单击曲面工具栏上的【填充曲面】按钮◈，或单击菜单【插入】/【曲面】/【填充曲面】选项，出现填充曲面操控板，如图 6-100 所示。

图 6-100　填充曲面操控板

生成填充曲面的操作步骤如下。

[1] 单击曲面工具栏上的【填充曲面】按钮◈，或单击菜单【插入】/【曲面】/【填充曲面】选项。

[2] 设定 PropertyManager 选项。

[3] 单击【确定】按钮◈。

【例 6-19】生成填充曲面操作

[1] 打开初始文件 "Z6L12.prt"，曲面模型如图 6-101 所示。

[2] 单击曲面工具栏上的【填充曲面】按钮◈，出现填充曲面操控板。

[3] 设置填充曲面属性，在"修补边界"中选择"边线<1>"、"边线<2>"、"边线<3>"、"边线<4>"、"边线<5>"、"边线<6>"、"边线<7>"、"边线<8>"，曲率控制选择"相切"，复选"优化曲面"、"显示预览"、"预览网格"，如图 6-102 所示。

图 6-101　曲面模型

图 6-102　设置填充曲面属性

[4] 预览填充曲面，如图 6-103 所示。

[5] 单击【确定】按钮 ✅，生成填充曲面，如图 6-104 所示。

图 6-103　预览填充曲面　　　　　　　　　　图 6-104　生成填充曲面

6.3.6　剪裁曲面

剪裁曲面命令是在一曲面与另一曲面、基准面或草图交叉处剪裁曲面。剪裁曲面命令可以使相互交叉的曲面利用布尔运算进行剪裁，可以使用曲面、基准面或草图作为剪裁工具来剪裁相交曲面，也可以将曲面和其他曲面联合使用作为相互的剪裁工具。

单击曲面工具栏上的【剪裁曲面】按钮 ✎，或单击菜单【插入】/【曲面】/【剪裁曲面】选项，出现剪裁曲面操控板，如图 6-105 所示。

剪裁曲面的操作步骤如下。

[1] 生成一个或多个点相交的两个或多个曲面，或生成一个与基准面相交或在其面有草图的曲面。

[2] 单击曲面工具栏上的【剪裁曲面】按钮 ✎，或单击菜单【插入】/【曲面】/【剪裁曲面】选项。

[3] 设定剪裁曲面 PropertyManager 选项。

[4] 单击【确定】按钮 ✅。

【例 6-20】剪裁曲面操作

[1] 打开初始文件 "Z6L13.prt"，曲面模型如图 6-106 所示。

[2] 单击曲面工具栏上的【剪裁曲面】按钮 ✎，出现剪裁曲面操控板。

[3] 设置剪裁曲面属性，在"剪裁类型"中选择"标准"，在"选择"/"剪裁工具"中的剪裁曲面、基准面、或草图 ✎ 选择"前视"，选择"保留选择"，在保留部分 ✎ 的图形区中选择"曲面的前部分"，在"曲面分割选项"中选择"自然"，如图 6-107 所示。

图 6-105　剪裁曲面操控板　　　　　　图 6-106　曲面模型　　　　　　图 6-107　设置剪裁曲面属性

[4]　预览剪裁曲面，如图 6-108 所示。

[5]　单击【确定】按钮 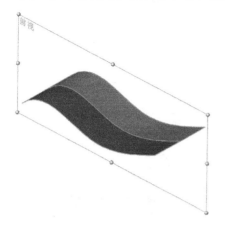，生成剪裁曲面，如图 6-109 所示。

图 6-108　预览剪裁曲面

图 6-109　剪裁曲面

6.3.7　解除裁剪曲面

解除裁剪曲面命令是通过延伸曲面来修补曲面孔和外部边线。解除剪裁曲面命令可通过沿曲面自然边界延伸现有曲面来修补曲面上的洞及外部边线。

单击曲面工具栏上的【解除裁剪曲面】按钮 ，或单击菜单【插入】/【曲面】/【解除裁剪曲面】选项，出现解除裁剪曲面操控板，如图 6-110 所示。

图 6-110　解除裁剪曲面操控板

解除裁剪曲面的操作步骤如下。

[1]　单击解除剪裁的曲面零件。

[2]　单击曲面工具栏上的【解除裁剪曲面】按钮 ，或单击菜单【插入】/【曲面】/【解除裁剪曲面】选项。

[3]　设定解除裁剪曲面 PropertyManager 选项。

[4]　单击【确定】按钮 。

【例 6-21】生成解除裁剪曲面操作

[1]　打开初始文件"Z6L14.prt"，曲面模型如图 6-111 所示。

[2]　单击曲面工具栏上的【解除裁剪曲面】按钮 ，出现解除裁剪曲面操控板。

[3]　设置解除裁剪曲面属性，在"选择"下的所选面/边线  的图形区中选择"边线<1>"、"边线<2>"，在"选项"边线解除裁剪类型中选择"延伸边线"，选择"与原有合并"，

如图 6-112 所示。

图 6-111　曲面模型　　　　　　　　　　图 6-112　设置解除裁剪曲面属性

[4]　预览解除裁剪曲面，如图 6-113 所示。

[5]　单击【确定】按钮 ✅，生成解除裁剪曲面，如图 6-114 所示。

图 6-113　预览解除裁剪曲面　　　　　　　图 6-114　生成解除裁剪曲面

6.3.8　删除面

删除面命令是从实体删除面以生成曲面，或从曲面实体删除面。

单击曲面工具栏上的【删除面】按钮 ⊗，或单击菜单【插入】/
【面】/【删除】选项，出现删除面操控板，如图 6-115 所示。

从实体删除面的操作步骤如下。

[1]　单击曲面工具栏上的【删除面】按钮 ⊗，或单击菜单【插入】/
　　　【面】/【删除】选项，就会出现删除面操控板。

[2]　在图形区域中，单击要删除的面。面的名称出现在要删除的
　　　面 🗂 下。

[3]　在"选项"下，单击"删除"。

[4]　单击【确定】按钮 ✅。

【例 6-22】删除面操作

图 6-115　删除面操控板

[1]　打开初始文件 "Z6L15.prt"，曲面模型如图 6-116 所示。

[2]　单击曲面工具栏上的【删除面】按钮 ⊗，出现删除面操控板。

[3]　设置删除面属性，在"选择"下的要删除的面 🗂 中选择图形底面 "面<1>"，选择 "删
　　　除"，如图 6-117 所示。

图 6-116　曲面模型　　　　　　　　　　图 6-117　设置删除面属性

[4]　预览要删除面，如图 6-118 所示。

[5]　单击【确定】按钮 ✅，删除面，如图 6-119 所示。

图 6-118　预览要删除面　　　　　　　　　图 6-119　删除面

6.3.9　替换面

替换面命令是替换实体或曲面实体上的面。可以用新曲面实体来替换曲面或实体中的面。替换曲面实体不必与旧的面具有相同的边界。当替换面时，原来实体中的相邻面自动延伸并剪裁到替换曲面实体。

单击曲面工具栏上的【替换面】按钮 🗐，或单击菜单【插入】/
【面】/【替换】选项，出现替换面操控板，如图 6-120 所示。

替换面的操作步骤如下。

[1]　单击曲面工具栏上的【替换面】按钮 🗐，或单击菜单【插入】/
　　　【面】/【替换】选项。

[2]　在 PropertyManager 中，在"替换参数"下，为【目标面】 🗐
　　　选择要替换的面。为替换曲面 🗐 选择替换的曲面。

[3]　单击【确定】按钮 ✅。

图 6-120　替换面操控板

【例 6-23】替换面操作

[1]　单击【新建】/【零件】/【确定】，新建一个零件文件。

[2]　建立圆柱模型，如图 121 所示。

[3]　建立拉伸曲面，如图 6-122 所示。

[4]　单击曲面工具栏上的【替换面】按钮 🗐，出现替换面操控板。

[5]　设置替换面属性，在"替换参数"中替换的目标面 🗐 选择圆柱模型的前面"面<1>"，
　　　替换曲面 🗐 选择"拉伸曲面 1"，如图 6-123 所示。

图 6-121　建立圆柱模型

图 6-122　建立拉伸曲面

[6]　预览替换面，如图 6-124 所示。

图 6-123　设置替换面属性

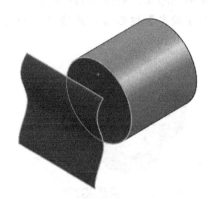

图 6-124　预览替换面

[7]　单击【确定】按钮 ✅，替换面，如图 6-125 所示。

[8]　隐藏拉伸曲面后的实体模型，如图 6-126 所示。

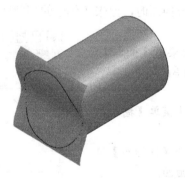

图 6-125　替换面

图 6-126　隐藏拉伸曲面后的实体模型

6.4　综合实例——装饰瓶建模

 设计要求

　　装饰瓶模型，如图 6-127 所示。要求使用旋转曲面、删除面、曲面填充、加厚和圆角等特征操作命令建立模型。

设计思路

（1）分析装饰瓶模型几何形状特点和建模过程。

（2）绘制草图，旋转曲面生成基本曲面。

（3）圆角曲面。

（4）绘制草图，在曲面上生成分割线，删除面。

（5）加厚曲面。

（6）圆角生成装饰瓶模型。

建立一个新的零件文件

[1] 启动 SolidWorks 2014 后，单击【新建】按钮□。

[2] 在弹出的新建 SolidWorks 文件对话框中选择"零件"复选框，
单击【确定】按钮。

图 6-127　装饰瓶模型

绘制草图

[3] 选取草图基准面，单击设计树中【前视基准面】。

[4] 单击位于 CommandManager 下的【草图】选项卡，
草图工具栏将出现，选取一个草图工具。或在草图
工具栏上选取一个草图工具。

[5] 在前视基准面中绘制草图，如图 6-128 所示。

曲面-旋转命令生成基本曲面

[1] 单击曲面工具栏上的【曲面-旋转】按钮﹩，出现
曲面-旋转操控板。

[2] 设置旋转曲面属性，在"旋转轴"中选择"直线1"，
在"方向1"中选择"给定深度"，在角度﹩中输入
"360度"，如图 6-129 所示。

[3] 预览旋转曲面，如图 6-130 所示。

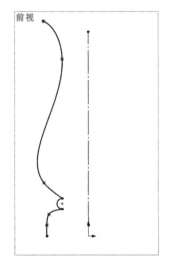

[4] 单击【确定】按钮﹩，隐藏前视基准面，生成旋转
曲面，如图 6-131 所示。

图 6-128　在前视基准面中绘制草图

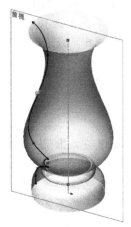

图 6-129　设置旋转曲面属性　　　图 6-130　预览旋转曲面　　　图 6-131　生成旋转曲面

✅ 生成圆角曲面

[5] 单击曲面工具栏上的【圆角】按钮🔲，出现圆角操控板。

[6] 设置圆角属性，在"圆角类型"中选择"恒定大小"，在"圆角项目"中面组 1 选择"边线<1>"、"边线<2>"，复选"切线延伸"，选择"完整预览"，在"圆角参数"下的半径🔨中输入"1"，如图 6-132 所示。

[7] 预览圆角曲面，如图 6-133 所示。

[8] 单击【确定】按钮✅，生成圆角曲面，如图 6-134 所示。

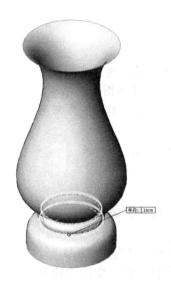

图 6-132　设置圆角属性　　　　图 6-133　预览圆角曲面　　　　图 6-134　生成圆角曲面

✅ 绘制草图

[1] 选取草图基准面，单击设计树中【前视基准面】。

[2] 单击位于 CommandManager 下的【草图】选项卡，草图工具栏将出现，选取一个草图工具。或在草图工具栏上选取一个草图工具。

[3] 在前视基准面中绘制草图，如图 6-135 所示。

✅ 在曲面上生成分割线

[1] 单击曲线工具栏上的【分割线】按钮🔲，出现分割线操控板。

[2] 设置分割线属性，在"分割类型"中选择"投影"，在"选择"下的要投影草图🔲中选择当前草图"草图 2"，要分割的面🔲中选择"面<1>"，如图 6-136

图 6-135　在前视基准面中绘制草图

所示。

[3]　预览分割线，如图 6-137 所示。

[4]　单击【确定】按钮 √ ，生成分割线，如图 6-138 所示。

图 6-136　设置分割线属性　　　　　图 6-137　预览分割线　　　　　图 6-138　生成分割线

删除面

[1]　单击曲面工具栏上的【删除面】按钮 ⚙ ，出现删除面操控板。

[2]　设置删除面属性，在"选择"下的要删除的面 📄 中选择图形"面<1>"、"面<2>"，选择"删除"，如图 6-139 所示。

[3]　预览要删除面，如图 6-140 所示。

[4]　单击【确定】按钮 √ ，隐藏前视基准面，删除面，如图 6-141 所示。

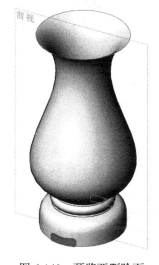

图 6-139　设置删除面属性　　　　　图 6-140　预览要删除面　　　　　图 6-141　删除面

绘制草图

[1]　选取草图基准面，单击设计树中【前视基准面】。

[2] 单击位于 CommandManager 下的【草图】选项卡，草图工具栏将出现，选取一个草图工具。或在草图工具栏上选取一个草图工具。

[3] 在右视基准面中绘制草图，如图 6-142 所示。

在曲面上生成分割线

[1] 单击曲线工具栏上的【分割线】按钮，出现分割线操控板。

[2] 设置分割线属性，在"分割类型"中选择"投影"，在"选择"下的要投影草图中选择当前草图"草图 3"，要分割的面中选择"面<1>"，如图 6-143 所示。

[3] 预览分割线，如图 6-144 所示。

[4] 单击【确定】按钮，生成分割线，如图 6-145 所示。

图 6-142　在右视基准面中绘制草图

图 6-143　设置分割线属性

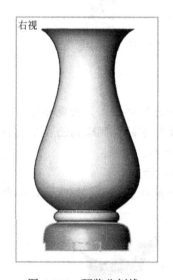

图 6-144　预览分割线

图 6-145　生成分割线

删除面

[1] 单击曲面工具栏上的【删除面】按钮，出现删除面操控板。

[2] 设置删除面属性，在"选择"下的要删除的面中选择图形"面<1>"、"面<2>"，选择"删除"，如图 6-146 所示。

[3] 预览要删除面，如图 6-147 所示。

[4] 单击【确定】按钮，隐藏前视基准面，删除面，如图 6-148 所示。

加厚

[1] 单击菜单【插入】/【凸台/基体】/【加厚】选项，出现加厚操控板。

[2] 设置加厚属性，在"加厚参数"下的要加厚的曲面中选择"删除面 2"，在厚度中输入数值"2"，如图 6-149 所示。

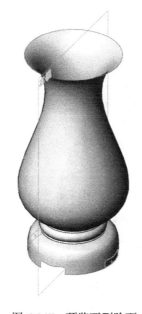

图 6-146　设置删除面属性　　　　　图 6-147　预览要删除面　　　　　图 6-148　删除面

[3]　预览加厚一个曲面，如图 6-150 所示。

[4]　单击【确定】按钮 ✅，加厚一个曲面，如图 6-151 所示。

图 6-149　设置加厚属性　　　　　图 6-150　预览加厚一个曲面　　　　　图 6-151　加厚一个曲面

✅ **圆角生成装饰瓶模型**

[1]　单击曲面工具栏上的【圆角】按钮 ◎，出现圆角操控板。

[2]　设置圆角属性，在"圆角类型"中选择"完整圆角"，在"圆角项目"中面组 1 选择"面<1>"，中央面组选择"面<3>"，面组 2 选择"面<2>"，复选"切线延伸"，选择"完整预览"，如图 6-152 所示。

[3]　预览圆角曲面，如图 6-153 所示。

[4]　单击【确定】按钮 ✅，生成圆角曲面，如图 6-154 所示。

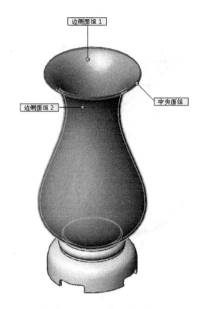

图 6-152　设置圆角属性　　　　图 6-153　预览圆角曲面　　　　图 6-154　生成圆角曲面

6.5　本章小结

本章介绍了曲线的绘制方法、曲面特征建立和曲面控制操作。随着数控技术的发展，曲线曲面造型技术得到了广泛的应用，像飞机、汽车、轮船等行业都涉及复杂曲面的产品开发，经常会用到曲线曲面造型技术，因此要熟练掌握曲线曲面造型的过程和方法。

6.6　思考与练习

1．思考题

（1）常用的曲线工具有哪几种？如何进行各种曲线操作？

（2）常用的曲面特征工具有哪几种？如何进行各种曲面操作？

（3）简述曲面控制的方法和曲面控制的操作步骤。

（4）边界曲面特征和放样曲面特征有什么区别？

2．练习题

（1）电风扇模型如图 6-155 所示，要求使用投影曲线、通过参考点的曲线、拉伸曲面、放样曲面、移动/复制曲面、拉伸和圆角等命令建立模型。

（2）炉箅子模型如图 6-156 所示，要求使用扫描、拉伸、阵列和镜向等命令建立模型。

图 6-155　电风扇模型　　　　　　　　　图 6-156　炉箅子模型

（3）鱼盘曲面模型如图 6-157 所示，使用扫描曲面、平面等工具绘制模型。

（4）曲面模型如图 6-158 所示，先建立 3D 草图，再生成放样曲面模型。

图 6-157　鱼盘曲面模型

图 6-158　曲面模型

第7章 装 配 体

本章主要介绍一些基本零部件装配操作、装配体干涉和碰撞检查、控制装配体的显示和外观、生成爆炸视图等基本知识。

SolidWorks 2014 提供了将零部件装入装配体中的一些装配功能,可以方便地添加各种装配关系,可以进行干涉和碰撞检查,控制装配体的显示。通过本章的学习,可以轻松掌握 Solidworks 2014 的装配体设计基本思路和方法。

7.1 装配体设计

添加零部件到装配体,在装配体和零部件之间生成连接。当 SolidWorks 2014 打开装配体时,将查找零部件文件并在装配体中显示。零部件中的更改自动反映在装配体中。SolidWorks 2014 在装配体设计过程中可以采用多种设计方法。

7.1.1 装配体中的 FeatureManager 设计树

装配体 FeatureManager 设计树是一个方便装配的操作环境,可以通过装配体 FeatureManager 设计树中的各种信息,清晰地观察装配体中各零部件地装配顺序、名称和配合关系等信息,还可以直接在装配体 FeatureManager 中进行各种操作。装配体 FeatureManager 设计树如图 7-1 所示。

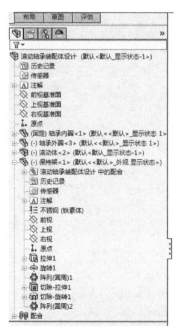

图 7-1 装配体 FeatureManager 设计树

图 7-2 装配体快捷菜单

右击装配体 FeatureManager 设计树顶部该装配体名字，弹出如图 7-2 所示的快捷菜单，用于对装配体进行编辑操作。

FeatureManager 设计树为装配体显示项目：顶层装配体（第一项）、各种文件夹、装配体基准面和原点、零部件（子装配体和单个零件）、装配体特征（切除或孔）和零部件阵列。

可以单击零部件名称旁的 ⊞ 展开或折叠每个零部件以查看其细节。如要折叠树中所有项目，右击树中任何地方，然后选择折叠项目。

可以在一个装配体中多次使用相同的零部件，对于装配体中每个零部件实例，后缀<n>会递增。

在 FeatureManager 设计树中，一个零部件名称都可以有一个前缀，此前缀提供了有关该零部件与其他零部件关系的状态信息。这些前缀为(–)欠定义、(+)过定义、(f)固定、(?)无解。如果没有前缀，则表明此零部件的位置已完全定义。

显示装配体层次关系的操作步骤如下。

[1] 在 FeatureManager 设计树中，右击装配体名称，然后选择只显示层次关系。在 FeatureManager 设计树中，则只会显示零部件（零件和子装配体），而更底层的细节则不显示。

[2] 如要再次显示细节，重复以上步骤，选择显示特征细节。

按从属关系查看装配体的操作步骤如下。

[1] 如要显示从属关系，在 FeatureManager 设计树中右击装配体名称，然后选择【树显示】/【查看配合和从属关系】，或单击【视图】/【FeatureManager 设计树】/【根据从属关系】。

[2] 如要再显示特征，在 FeatureManager 设计树中右击装配体的名称，然后选择【树显示】/【查看特征】，或单击【视图】/【FeatureManager 设计树】/【根据特性】。

7.1.2 装配设计方法

可以使用自下而上设计来生成装配体，或使用自上而下进行设计，或两种方法结合使用。

1．自下而上设计方法

自下而上设计方法是比较传统的方法。先设计并造型零件，然后将之插入装配体，接着使用配合来定位零件。若想更改零件，必须单独编辑零件，这些更改然后可在装配体中看见。

自下而上设计方法对于先前建造、现售的零件，或者对于如金属器件、皮带轮、马达等的标准零部件是优先技术。这些零件不根据设计而更改其形状和大小，除非选择不同的零部件。

2．自上而下设计方法

在自上而下装配体设计中，零件的一个或多个特征由装配体中的某项定义，如布局草图或另一零件的几何体。设计意图（特征大小、装配体中零部件的放置、与其他零件的靠近等）来自顶层（装配体）并下移到零件中，因此称为"自上而下"。

自上而下设计方法的优点是在设计更改发生时所需改动更少。零件根据所创建的方法而知道如何自我更新。

可在零件的某些特征上、完整零件上、或整个装配体上使用自上而下设计方法技术。在实践中，设计师通常使用自上而下设计方法来布局其装配体并捕捉对其装配体特定的自定义零件的关键方面。

【例 7-1】传动轴组件自下而上设计方法装配过程

[1] 单击【新建】/【零件】/【装配体】，新建一个装配体文件，出现开始装配体属性控制板。

[2] 设置开始装配体属性，单击【浏览】打开现有文件传动轴零件，设置开始装配体属性，如图 7-3 所示。

[3] 单击【确定】按钮 ✅，装配体绘图区中插入传动轴零件，如图 7-4 所示。

图 7-3　设置开始装配体属性　　　　　　　图 7-4　插入传动轴零件

[4] 单击装配体工具栏上的【插入零部件】按钮 🖱，出现插入零部件操控板，单击【浏览】打开现有文件"平键 1"零件，设置插入零部件操控板，如图 7-5 所示。

[5] 单击图形区域以放置零部件，装配体中插入"平键 1"零件，如图 7-6 所示。

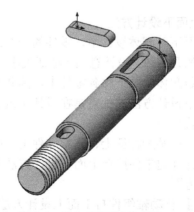

图 7-5　设置插入零部件操控板　　　　　　图 7-6　插入"平键 1"零件

[6] 单击装配体工具栏上的【配合】按钮，在操控板的"配合选择"下，为要配合的实体选择要配合在一起的实体表面，在"标准配合"下单击【重合】按钮，设置重合配合操控板，如图 7-7 所示，预览添加重合配合后的装配体，如图 7-8 所示，单击【添加/完成配合】按钮，如图 7-9 所示。

图 7-7　设置重合配合操控板

图 7-8　添加重合配合后的装配体

图 7-9　单击【添加/完成配合】按钮

[7] 为要配合的实体选择要配合在一起的实体表面，在"标准配合"下单击【同轴心】按钮，设置同轴心配合操控板，如图 7-10 所示，预览添加同轴心配合后的装配体，如图 7-11 所示，单击【添加/完成配合】按钮，如图 7-12 所示。

[8] 为要配合的实体选择要配合在一起的实体表面，在"标准配合"下单击【重合】按钮，设置重合配合操控板，如图 7-13 所示，预览添加重合配合后的装配体，如图 7-14 所示，单击【添加/完成配合】按钮，如图 7-15 所示。

[9] 单击【确定】按钮以关闭操控板，添加配合后的装配体如图 7-16 所示。

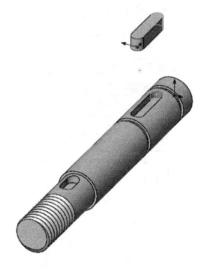

图 7-10　设置同轴心配合操控板　　　　　　　　图 7-11　添加同轴心配合后的装配体

图 7-12　单击添加/完成配合

图 7-13　设置重合配合操控板　　　　　　　　图 7-14　添加同轴心配合后的装配体

图 7-15　单击【添加/完成配合】按钮 ✓　　　　图 7-16　添加配合后的装配体

7.2　装配体中基本零部件操作

可以将零部件添加到装配体绘图区域中，还可以将零部件从装配体绘图区域中删除。

在零部件放入装配体中后，可以移动、旋转零部件或固定它的位置，这些方式可以用来大致确定零部件的位置，然后可以使用配合关系来精确地定位零部件。

7.2.1　在装配体中添加零部件

当将一个零部件（单个零件或子装配体）放入装配体中时，这个零部件文件会与装配体文件链接。零部件出现在装配体中，零部件的数据还保持在源零部件文件中。对零部件文件所进行的任何改变都会更新装配体。

有多种方法可以将零部件添加到一个新的或现有的装配体中。

- 从 PropertyManager 插入零部件。
- 从打开的文档窗口来添加零部件。
- 从资源管理器添加零部件。
- 从 Internet Explorer 添加零部件。
- 添加零部件实例。
- 推理装配体原点。
- 添加未来版本文件作为装配体中的零部件。

7.2.2　从装配体中删除零部件

从装配体中删除零部件的操作步骤如下。

[1]　在图形区域或 FeatureManager 设计树中单击零部件。

[2]　按 Delete 键，或单击【编辑】/【删除】，或右击然后选择删除。

[3]　单击【是】按钮以确认删除。

【例 7-2】从传动轴装配体中删除平键操作

[1]　打开初始文件 "Z7L1.asm"，传动轴装配体如图 7-17 所示。

[2]　在 FeatureManager 设计树中单击 "平键 1"，如图 7-18 所示。

[3]　在装配体绘图区域中显示装配体，如图 7-19 所示。

[4]　按 Delete 键，出现确认删除对话框，如图 7-20 所示。

图 7-17 传动轴装配体

图 7-18 在 FeatureManager 设计树中单击"平键 1"

[5] 单击【是】按钮以确认删除。删除"平键 1"后的装配体如图 7-21 所示。

图 7-19 在装配体绘图区域
中显示装配体

图 7-20 确认删除对话框

图 7-21 删除"平键 1"
后的装配体

7.2.3 移动零部件

移动零部件命令是在其配合所定义的自由度内移动零部件。只能在配合关系允许的自由度范围内移动该零部件。无法移动一个位置已固定或完全定义的零部件。

通过拖动来移动零部件的操作：在图形区域中拖动零部件，零部件在其自由度内移动。

以三重轴移动零部件的操作步骤如下。

[1] 右击零部件，然后选择以"三重轴移动"。

[2] 拖动三重轴单元：拖动臂杆可沿臂杆轴拖动零部件。拖动侧翼可沿侧翼平面拖动零部件。

[3] 若想键入特定坐标或距离，右击中心球面，然后从以下操作中进行选择。

• 显示转化 XYZ 框，将零部件移动到一特定 XYZ 坐标。

• 显示转化三角形 XYZ 框，按特定量移动零部件。

[4] 在图形区域中单击以关闭三重轴。

以操控板移动零部件的操作步骤如下。

[1] 单击装配体工具栏上的【移动零部件】按钮，或单击【工具】/【零部件】/【移动】。移动零部件操控板出现，指针变成。

[2] 在图形区域中选择一个或多个零部件。

[3] 从移动清单中选择一个项目，并以下列方法之一移动零部件。

• 自由拖动。

• 沿装配体 XYZ。

• 沿实体。

- 由三角形 XYZ。
- 到 XYZ 位置。

[4] "高级选项"下，选择"此配置"，将零部件的移动只应用到激活的配置。

[5] 完成后，单击【确定】按钮✓或再次单击【移动零部件】按钮🗗。

【例 7-3】移动零部件操作

[1] 打开初始文件"Z7L2.asm"，传动轴装配体如图 7-22 所示。

[2] 单击装配体工具栏上的【移动零部件】按钮🗗，出现移动零部件控制板，从移动✛清单中选择"自由拖动"，设置移动零部件属性，如图 7-23 所示。

图 7-22　传动轴装配体　　　　　　图 7-23　设置移动零部件属性

[3] 图形区域中选择"平键"，如图 7-24 所示。

[4] 移动零部件完成后，单击【确定】按钮✓，移动零部件后的装配体，如图 7-25 所示。

图 7-24　图形区域中选择"平键"　　　图 7-25　移动零部件后的装配体

7.2.4　旋转零部件

旋转零部件命令是在其配合所定义的自由度内旋转零部件。只能在配合关系允许的自由度范围内旋转该零部件。无法旋转一个位置已固定或完全定义的零部件。

通过拖动旋转零部件的操作：在图形区域中拖动零部件，零部件在其自由度内旋转。

以三重轴旋转零部件的操作步骤如下。

[1] 右击零部件，然后选择"以三重轴移动"。

[2] 选择一个环并拖动，然后从以下操作中进行选择。

- 要进行捕捉，右击所选的环并选择拖动时捕捉。在接近环时，捕捉增量为 90°，该增量随着指针与环的距离拉远而减小。

- 若想以预设增量进行旋转，右击所选环，然后选取旋转 90° 或旋转 180°。

- 若想键入特定增量，右击中心球形，然后选取显示旋转三角形 XYZ 框。

[3] 在图形区域中单击以关闭三重轴。

以操控板旋转零部件的操作步骤如下。

[1] 单击装配体工具栏上的【旋转零部件】按钮，或单击【工具】/【零部件】/【旋转】，旋转零部件操控板出现，指针变成。

[2] 在图形区域中选择一个或多个零部件。

[3] 从旋转清单中选择一项目，并以下列方法之一旋转零部件。

- 自由拖动。

- 对于实体。

- 由 Delta XYZ。

[4] 在"高级选项"下，选择"此配置"，将零部件的旋转只应用到激活的配置。

[5] 完成后，单击【确定】按钮或再次单击【旋转零部件】按钮。

【例 7-4】 旋转零部件操作

[1] 打开初始文件"Z7L3.asm"，传动轴装配体如图 7-26 所示。

[2] 单击装配体工具栏上的【旋转零部件】按钮，出现旋转零部件控制板，从旋转清单中选择"自由拖动"，设置旋转零部件属性，如图 7-27 所示。

图 7-26　传动轴装配体

图 7-27　设置旋转零部件属性

[3] 在图形区域中选择"平键"，如图 7-28 所示。

[4] 旋转零部件完成后，单击【确定】按钮 ✅，旋转零部件后的装配体如图 7-29
所示。

图 7-28 在图形区域中选择"平键" 　　　　图 7-29 旋转零部件后的装配体

7.2.5 固定零部件

固定零部件命令可以固定零部件的位置，这样它就不能相对于装配体原点移动。在默认情况下，装配体中的第一个零件是固定的，但是可以随时将之浮动。

建议至少有一个装配体零部件是固定的，或者与装配体基准面或原点具有配合关系，这样可为其余的配合提供参考，而且可以防止零部件在添加配合关系时意外地移动。

在 FeatureManager 设计树中，一个固定的零部件有一个固定的符号会出现在名称之前。一个浮动且欠定义的零部件有一个（-）的符号会出现在名称之前。完全定义零部件则没有任何前缀。

固定或浮动装配体零部件的操作步骤如下。

[1] 在图形区域或 FeatureManager 设计树中的零部件名称上右击零部件。

[2] 选取【固定】或【浮动】。

[3] 在带有多个配置的装配体中，选择"此配置"、"所有配置"或"指定配置"。

【例 7-5】固定零部件操作

[1] 打开初始文件"Z7L4.asm"，传动轴装配体如图 7-30 所示。

[2] 装配体 FeatureManager 设计树如图 7-31 所示，传动轴是一个浮动且欠定义的零部件，有一个（-）的符号出现在名称之前。

图 7-30 传动轴装配体 　　　　图 7-31 装配体 FeatureManager 设计树

[3] 在 FeatureManager 设计树中的零部件名称上右击传动轴，弹出快捷菜单，如图 7-32

所示，单击【固定】选项。

[4] 传动轴是一个固定的零部件，有一个固定的符号出现在名称之前。

[5] 传动轴固定后的装配体如图 7-33 所示。

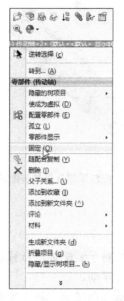

图 7-32 在快捷菜单中单击固定　　　图 7-33 传动轴固定后的装配体

7.2.6 零部件添加和删除配合

配合命令是在装配体零部件之间生成几何关系。当添加配合时，定义零部件线性或旋转运动所允许的方向，可在其自由度之内移动零部件，从而直观化装配体的行为。

重合配合迫使两个平面变成共平面，面可沿彼此移动，但不能分离开。同轴心配合迫使两个圆柱面变成同心，面可沿共同轴移动，但不能从此轴拖开。

配合关系作为一个系统整体求解。添加配合的顺序无关紧要，所有的配合均在同时解出。

添加配合的操作步骤如下。

[1] 单击装配体工具栏上的【配合】按钮，或单击【插入】/【配合】，配合操控板出现。

[2] 在 PropertyManager 中的"配合选择"下，为【要配合的实体】选择要配合在一起的实体。配合弹出工具栏出现，带有一个被选择的默认配合，且零部件移动到位以预览配合。

[3] 单击【添加/完成配合】按钮或选择一个不同的配合类型。

[4] 单击【确定】按钮以关闭操控板。

删除配合关系的操作步骤如下。

[1] 在 FeatureManager 设计树中单击【配合】。

[2] 按 Delete 键，或单击【编辑】/【删除】，或右击并选择删除。

[3] 单击【是】按钮以确认删除。

【例 7-6】 零部件添加和删除配合关系操作

[1] 打开初始文件"Z7L5.asm"，传动轴装配体如图 7-34 所示。

[2] 单击装配体工具栏上的【插入零部件】按钮，出现插入零部件操控板，单击【浏

览】打开现有文件"平键2"零件，设置插入零部件操控板，如图7-35所示。

[3] 单击图形区域以放置零部件，装配体中插入"平键2"零件，如图7-36所示。

图7-34 传动轴装配体 　　　图7-35 设置插入零部件操控板 　　　图7-36 插入"平键1"零件

[4] 单击装配体工具栏上的【配合】按钮，在操控板中的"配合选择"下，为要配合的实体选择要配合在一起的实体表面，在"标准配合"下单击【重合】按钮，设置重合配合操控板，如图7-37所示，预览添加重合配合后的装配体，如图7-38所示，单击【添加/完成配合】按钮，如图7-39所示。

图7-37 设置重合配合操控板 　　　　　图7-38 添加重合配合后的装配体

图 7-39　单击【添加/完成配合】按钮 ✓

[5]　为【要配合的实体】🖟选择要配合在一起的实体表面，在"标准配合"下单击【同轴心】按钮，设置同轴心配合操控板，如图 7-40 所示，预览添加同轴心配合后的装配体，如图 7-41 所示，单击【添加/完成配合】按钮 ✓，如图 7-42 所示。

图 7-40　设置同轴心配合操控板

图 7-41　添加同轴心配合后的装配体

图 7-42　单击【添加/完成配合】按钮 ✓

[6]　为【要配合的实体】🖟选择要配合在一起的实体表面，在"标准配合"下单击【重合】按钮，设置重合配合操控板，如图 7-43 所示，预览添加重合配合后的装配体，如图 7-44 所示，单击【添加/完成配合】按钮 ✓，如图 7-45 所示。

[7]　单击【确定】按钮 ✓ 以关闭操控板，添加配合后的装配体如图 7-46 所示。FeatureManager 设计树添加"平键 2"配合关系，如图 7-47 所示。

图 7-43　设置重合配合操控板

图 7-44　添加同轴心配合后的装配体

图 7-45　单击【添加/完成配合】按钮

图 7-46　添加配合后的装配体

图 7-47　添加"平键 2"配合关系

[8]　单击装配体工具栏上的【移动零部件】按钮，出现移动零部件控制板，从移动
　　　清单中选择"自由拖动"，设置移动零部件属性，如图 7-48 所示。

[9]　图形区域中选择"平键 2"，所选的零部件"平键 2"为完全定义，无法被移动，如
　　　图 7-49 所示。

图 7-48　设置移动零部件属性

图 7-49　图形区域中选择"平键2"

[10] 单击【确定】按钮 ✓。

[11] 在 FeatureManager 设计树中单击重合配合，如图 7-50 所示。

[12] 按 Delete 键，单击【是】按钮以确认删除。FeatureManager 设计树中删除重合配合，
如图 7-51 所示。

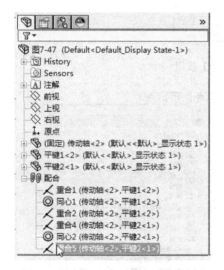

图 7-50　在 FeatureManager 设计树中
单击重合配合

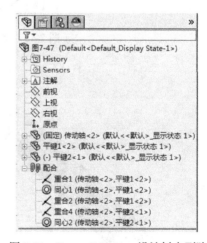

图 7-51　FeatureManager 设计树中删除
重合配合

[13] 单击装配体工具栏上的【移动零部件】按钮，出现移动零部件控制板，从【移动】
清单中选择"自由拖动"，移动零部件属性设置，如图 7-52 所示。

[14] 图形区域中选择"平键2"，如图 7-53 所示。

[15] 移动零部件完成后，单击【确定】按钮 ✓，移动零部件后的装配体如图 7-54
所示。

图 7-52 设置移动零部件属性

图 7-53 图形区域中选择"平键 2"

图 7-54 移动零部件后的装配体

7.2.7 在装配体中编辑零件

大部分自上而下关系在装配体中编辑零件时生成，此也称为关联中编辑，因为在关联装配体中生成或编辑特征，而不是像往常生成零件时的孤立操作。关联中编辑可在生成新特征时在装配体中的正确位置看到零件。此外，可使用周围零件的几何体来定义新特征的大小或形状。

即使没使用自上而下设计方法，为方便起见，仍可在装配体窗口中编辑零件。当在关联装配体中编辑零件时，可使用颜色来表示哪些零件正被编辑，也可在编辑零件时为装配体更改透明度。

编辑零件可以在不必退出装配体的情况下对装配体中的零件进行编辑修改，对零件所进行的任何修改都会自动更新装配体，包括以同一个零件所插入的零部件也会相应地改变。

在装配体中编辑零件的操作步骤如下。

[1] 右击零件并选择【编辑零件】，或单击装配体工具栏上的【编辑零部件】按钮 。

[2] 根据需要更改零件。

[3] 如要回到编辑装配体状态，右击 FeatureManager 设计树中的装配体名称，或右击图形区域中的任何地方，然后选择编辑装配体：<装配体名称>"，或单击【编辑零部件】按钮🖥，或单击【关闭】按钮🖥。

【例 7-7】 装配体中编辑零件操作

[1] 打开初始文件 "Z7L6.asm"，传动轴装配体如图 7-55 所示。

[2] 选择要编辑的零件传动轴，如图 7-56 所示。

图 7-55　传动轴装配体　　　　　　图 7-56　选择要编辑的零件传动轴

[3] 单击装配体工具栏上的【编辑零部件】按钮🖥，则 FeatureManager 设计树中传动轴的相关信息字变色，表示可进行编辑，如图 7-57 所示。

[4] 在 FeatureManager 设计树内，在展开传动轴中，编辑"拉伸 1"特征，设置"拉伸1"属性，如图 7-58 所示。

[5] 预览"拉伸 1"，如图 7-59 所示。

图 7-57　设计树中传动轴信息　　　　图 7-58　设置"拉伸 1"属性

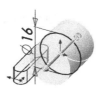

图 7-59　预览"拉伸 1"

[6]　单击【确定】按钮 ✅，生成"拉伸 1"，更改"拉伸 1"尺寸后的传动轴装配体如图 7-60 所示，配置将以新数值更新。

[7]　单击【编辑零部件】按钮 📦，尺寸值更改后的传动轴装配体如图 7-61 所示。

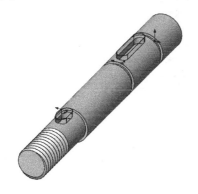

图 7-60　更改"拉伸 1"尺寸后的传动轴装配体

图 7-61　尺寸值更改前后的传动轴装配体

7.3　装配体检查

可以通过干涉检查和碰撞检查进行装配体的装配情况分析。

7.3.1　装配体的干涉检查

干涉检查是指零部件之间的体积重叠在一起的现象。干涉检查可检查零部件之间的任何干涉。干涉检查识别零部件之间的干涉，并帮助检查和评估这些干涉。干涉检查对复杂的装配体非常有用。在这些装配体中，通过视觉检查零部件之间是否有干涉非常困难。

借助干涉检查，可以完成以不事项。

- 确定零部件之间的干涉。
- 将干涉的真实体积显示为上色体积。
- 更改干涉和非干涉零部件的显示设定，以更好地查看干涉。
- 选择忽略要排除的干涉，如压入配合及螺纹扣件干涉等。
- 选择包括多实体零件内实体之间的干涉。
- 选择将子装配体作为单一零部件处理，因此不会报告子装配体零部件之间的干涉。
- 区分重合干涉和标准干涉。

检查装配体中的干涉操作步骤如下。

（1）单击装配体工具栏上的【干涉检查】按钮，或单击【工具】/【干涉检查】，出现干涉检查操控板，如图 7-62 所示。

（2）在操控板中，进行选择并设定选项。在所选零部件下，单击【计算】按钮。

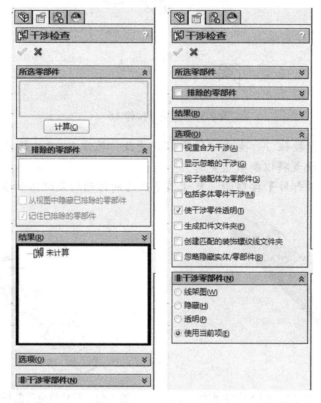

图 7-62　干涉检查操控板

【例 7-8】 传动轴装配体干涉检查操作

[1]　打开初始文件 "Z7L7.asm"，传动轴装配体如图 7-63 所示。

图 7-63　传动轴装配体

[2]　单击装配体工具栏上的【干涉检查】按钮，干涉检查操控板出现。

[3]　在操控板中，进行选择并设定选项。在所选零部件下，单击【计算】按钮。干涉检查操控板如图 7-64 所示。

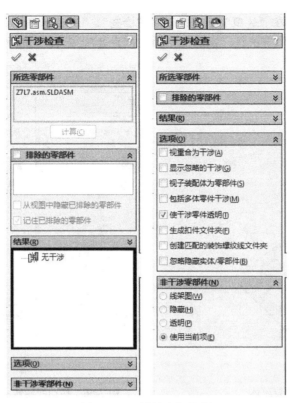

图 7-64　干涉检查操控板

[4]　单击【确定】按钮 ✅，完成传动轴装配体干涉检查，检查结果是传动轴装配体无
干涉。

7.3.2　装配体的碰撞检查

可以在移动或旋转零部件时检查其与其他零部件之间的冲突。软件可以检查与整个装配
体或所选的零部件组之间的碰撞。可以发现对所选零部件的碰撞，或对由于与所选零部件有
配合关系而移动的所有零部件的碰撞。

移动或旋转零部件时检查碰撞的操作步骤如下。

[1]　单击装配体工具栏上的【移动零部件】按钮 或【旋转零部件】按钮 。

[2]　在操控板中在"选项"下选择"碰撞检查"。

[3]　在"检查范围下"选择"所有零部件之间"或"这些零部件之间"。

[4]　选择"仅被拖动的零件"来检查只与选择移动的零部件的碰撞。在消除选择时，除了选
择要移动的零部件外，加上与所选零部件有配合关系而被移动的任何其他零部件都会被
检查。

[5]　选择"碰撞时停止"来停止零部件的运动以阻止其接触到任何其他实体。

[6]　在"高级选项"下，选择"高亮显示面"、"声音"或"忽略复杂曲面"。

[7]　移动或旋转零部件来检查碰撞。

[8]　单击【确定】按钮 ✅来完成并退出。

【例 7-9】合叶装配体碰撞检查操作

[1]　打开初始文件"Z7L8.asm"，合叶装配体如图 7-65 所示。

[2]　单击装配体工具栏上的【移动零部件】按钮 ，干涉检查操控板出现。

[3] 在操控板中，在"选项"下选择"碰撞检查"、"所有零部件之间"、"碰撞时停止"。在"高级选项"下选择"高亮显示面"、"声音"，如图 7-66 所示。

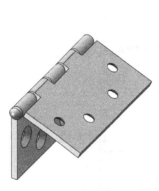

图 7-65　合叶装配体　　　　　　　　图 7-66　移动或旋转零部件操控板

[4] 移动合叶<2>。注意不能使之通过合叶<1>的竖直边侧，并且当它们相互接触时，面将高亮显示。移动合叶<2>打开的一般位置如图 7-67 所示。移动合叶<2>打开的最大极限位置如图 7-68 所示。移动合叶<2>关闭极限位置如图 7-69 所示。

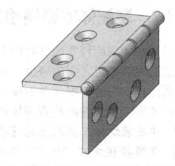

图 7-67　移动合叶<2>打开的一般位置　　　　图 7-68　移动合叶<2>打开的最大极限位置

[5] 单击【确定】按钮 ✅，合叶装配体完成碰撞检查，合叶装配体如图 7-70 所示。

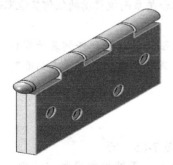

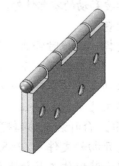

图 7-69　移动合叶<2>关闭极限位置　　　　　图 7-70　合叶装配体

7.4 控制装配体的显示和外观

装配体在装配过程中,为了观察清楚零部件之间的相对位置和显示状态,用户可以将暂时不需要的某些零部件隐藏起来,需要的时候再显示,也可以将各个零部件设定为不同颜色以示区分或者用不同的纹理表示,还可以根据需要设定零部件显示状态。

7.4.1 控制零部件的显示

可以切换装配体零部件的显示状态。可从视图完全移除零部件或使之 75%透明。暂时关闭零部件的显示可以将它从视图中移除,可以更容易地处理被遮蔽的零部件。

隐藏或显示零部件仅影响零部件的显示状态。隐藏的零部件与在压缩状态中显示的零部件具有相同的可访问性和特性。切换显示状态不影响重建模型及计算的速度,但是可提高显示的性能。

切换零部件的显示状态见表 7-1,切换零部件的透明度见表 7-2。

表 7-1   切换零部件的显示状态

方　法	步　骤	更改适用于的状态
显示窗格	在隐藏/显示列中单击零部件,然后选取隐藏或显示	激活的显示状态
关联工具栏	单击或右击零部件,然后选取隐藏零部件或显示零部件	激活的显示状态
工具栏	选取零部件,然后单击隐藏/显示零部件（装配体工具栏）	激活的显示状态
零部件属性对话框	在零部件显示状态下选取隐藏零部件或显示零部件	激活的显示状态
菜单	选取零部件,然后单击【编辑】、【隐藏】（或【显示】、或【带从属关系一起显示】）	指定的显示状态
Tab 快捷键	若要隐藏零部件,将指针移动到它的上方,然后按 Tab 键;若要显示零部件,将指针移动到包含隐藏零部件的区域上方,然后按 Shift+Tab 组合键	激活的显示状态

表 7-2   切换零部件的透明度

方　法	步　骤	更改适用于的状态
显示窗格	在透明度列中单击零部件,然后选取【更改透明度】	激活的显示状态
关联工具栏	单击或右击零部件,然后单击【更改透明度】按钮	激活的显示状态
工具栏	选择零部件,然后单击【更改透明度】按钮（装配体工具栏）	激活的显示状态

【例 7-10】隐藏和显示零部件操作

[1] 打开初始文件 "Z7L9.asm",传动轴装配体如图 7-71 所示。

[2] 单击 FeatureManager 窗格（位于标签右边）顶部的≫可展开显示窗格,如图 7-72 所示。为 "平键1" 零件在隐藏/显示列中单击选取【隐藏】,如图 7-73 所示。隐藏 "平键1" 后的传动轴装配体,如图 7-74 所示。

图 7-71   传动轴组件

图 7-72   展开显示窗格

图 7-73　为"平键 1"零件单击选取隐藏　　　　　图 7-74　隐藏"平键 1"后的传动轴装配体

[3]　在展开显示窗格中，为"平键 1"零件在隐藏/显示 ⚙ 列中再次单击选取【显示】，如图 7-75 所示。绘图区域中显示"平键 1"，如图 7-76 所示。

图 7-75　为"平键 1"零件单击选取【显示】　　　　图 7-76　绘图区域中显示"平键 1"

[4]　在展开显示窗格中，为"平键 1"零件在透明度 ⚙ 列中选取【更改透明度】，如图 7-77 所示。更改"平键 1"透明度后的传动轴装配体如图 7-78 所示。

图 7-77　选取【更改透明度】　　　　图 7-78　更改"平键 1"透明度后的传动轴装配体

7.4.2　更改零部件外观

在默认情况下，添加到装配体中的零部件以原零件文档中指定的外观属性（如颜色和透明度）显示，所有上色和线架图显示模式都是如此，可以覆盖所选实例的零件外观，或使用装配体的默认外观。可将更改应用到零件文档或装配体中的零部件（零件文档保持不变）。

在装配操作时，用户可以采用原来零件文件中指定的颜色显示，也可以覆盖所选零件的颜色。同时，也可以改变材料属性，如透明度和明暗度。这些改变不会影响原来零件文件，但可以更清晰地显示装配。

改变所选零部件实例的外观属性的操作步骤如下。

[1] 在显示窗格中，在【外观】列中单击零部件 ⬤，然后选择【外观】。或在 FeatureManager 设计树或图形区域中选择一个零部件，然后单击【编辑】/【外观】/【外观】，如要选择多个零部件，请在选择时按住 Ctrl 键。

[2] 在外观操控板中进行选择。

[3] 单击【确定】按钮 ✓。

【例 7-11】 设定传动轴装配体外观操作

[1] 打开初始文件"Z7L11.asm"，传动轴装配体如图 7-79 所示。

[2] 在显示窗格中，在外观 ⬤ 列中单击"平键 1"零件，如图 7-80 所示。

图 7-79　传动轴装配体　　　　　　图 7-80　在【外观】⬤ 列中单击"平键 1"零件

[3] 单击外观 ⬤，出现颜色操控板。设置颜色属性，如图 7-81 所示。

[4] 设置外观颜色的传动轴装配体预览如图 7-82 所示。

图 7-81　设置颜色属性　　　　　　　图 7-82　设置外观颜色的传动轴装配体预览

[5] 单击【确定】按钮 ✅，设置外观颜色的传动轴
装配体如图 7-83 所示。

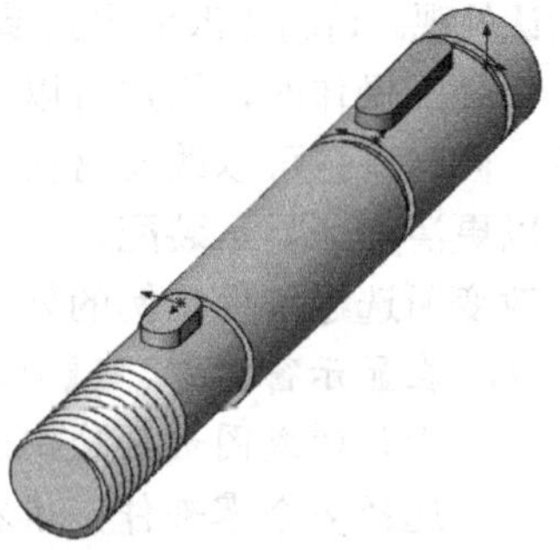

7.4.3 装配体中的显示状态

可以为装配体中的每个零部件定义隐藏/显示、显示
模式、外观、透明度设置的不同组合，并在显示状态中
保存这些组合。

在显示窗格中可以更改每个零部件的显示设置。显
示状态列举在 ConfigurationManager 的底部，可在此选
取或消除"将显示状态连接到配置"以控制显示状态模式。可在显示状态属性 PropertyManager
中重新命名显示状态并选取"选项"。在打开对话框中，可在打开装配体时选取一个显示状态。

生成新的显示状态的操作步骤如下。

[1] 单击图形区域中一空白区域以确定没在 ConfigurationManager 中选取任何内容。

[2] 右击 ConfigurationManager 中的任何空白区域，然后选取添加显示状态。新的显示
状态添加到列表中并成为激活的显示状态。

[3] 在 FeatureManager 中，单击 » （在选项卡右侧）以显示窗格，然后进行更改以定义
新的显示状态。

图 7-83　设置外观颜色的传动轴装配体

7.5 爆炸视图

爆炸视图命令是显示分散但已定位的装配体，以便说明在装配时如何组装在一起。使用
爆炸视图命令可以将产品机器装配体中的各个零部件按指定的距离分离，以便清晰地反映出
零部件之间的装配方向和位置关系。

7.5.1 生成爆炸视图

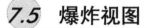

可以通过在图形区域中选择和拖动零件来生成爆炸视图，从而生成一个或多个爆炸步
骤。在爆炸视图中可以实现以下功能。

- 均分爆炸成组零部件（器件、螺垫等）。
- 附加新的零部件到另一个零部件的现有爆炸步骤。如果要添加一个零件到已有爆炸
视图的装配体中，这个方法很有用。
- 如果子装配体有爆炸视图，可在更高层次的装配体中重新使用此视图。
- 添加爆炸直线以表示零部件关系。

生成爆炸视图的操作步骤如下。

[1] 单击装配体工具栏上的【爆炸视图】按钮 🐾，或单击【插入】/【爆炸视图】，或在
ConfigurationManager 中右击配置名称，然后单击新爆炸视图。爆炸视图操控板如图
7-84 所示。

[2] 选取一个或多个零部件以包括在第一个爆炸步骤中。在操控板中，零部件出现在爆
炸步骤的零部件 🐾 中，旋转及平移控标将出现图形区域中。

[3] 拖动平移或旋转控标以移动选定零部件。

[4] 根据需要修改爆炸值或方向。

[5] 在"设定"下，单击【完成】按钮。爆炸步骤显示在爆炸步骤下方。操控板清除且
为下一爆炸步骤做准备。

图 7-84 爆炸视图操控板

[6] 根据需要生成更多爆炸步骤，然后单击【确定】按钮 ✓ 。

【例 7-12】 生成传动轴装配体爆炸视图操作

[1] 打开初始文件 "Z7L11.asm"，传动轴装配体如图 7-85 所示。

[2] 单击装配体工具栏上的【爆炸视图】按钮 🖼 。爆炸视图操控板出现。

[3] 选取 "平键1" 零件，在操控板中，"平键1" 零件出现在炸步骤的【零部件】 🖼 中，旋转及平移控标将出现图形区域中，如图 7-86 所示。

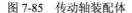

图 7-85 传动轴装配体

图 7-86 旋转及平移控标将出现图形区域中

[4] 拖动平移或旋转控标以移动选定 "平键1" 零件，如图 7-87 所示。"爆炸步骤1" 出现在 "爆炸步骤" 下，设置爆炸视图操控板，如图 7-88 所示。

图 7-87　拖动平移或旋转控标以移动
选定"平键1"零件

图 7-88　设置爆炸视图操控板

[5] 选取"平键2"零件，在操控板中，"平键2"零件出现在"爆炸步骤"的零部件 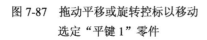 中，旋转及平移控标将出现图形区域中，如图 7-89 所示。拖动平移或旋转控标以移动选定"平键2"零件，如图 7-90 所示。

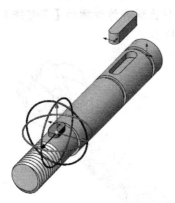

图 7-89　旋转及平移控标将出现图形区域中

图 7-90　拖动平移或旋转控标以移动选定
"平键2"零件

[6] "爆炸步骤2"出现在"爆炸步骤"下，设置爆炸视图操控板，如图 7-91 所示。

[7] 单击【确定】按钮 ，生成传动轴装配体爆炸视图，如图 7-92 所示。

图 7-91　设置爆炸视图操控板　　　　图 7-92　生成传动轴装配体爆炸视图

7.5.2　编辑爆炸步骤

可以编辑要添加、删除或重新定位零部件的爆炸步骤。

可以在生成爆炸视图时或保存爆炸视图之后编辑爆炸步骤。要打开以前保存的爆炸视图，在 ConfigurationManager 中右击【爆炸视图】按钮，然后单击【编辑特征】。

编辑爆炸步骤的操作步骤如下。

[1]　在 PropertyManager 中的爆炸步骤下，右击【爆炸步骤】，然后单击【编辑步骤】。三重轴显示在图形区域，拖动【控标】➡️ 显示在零部件上。

[2]　根据需要重新定位零部件：要沿当前轴移动零部件，请拖动【控标】➡️。要更改零部件爆炸所沿的轴，请单击三重轴上的一个轴，然后单击【应用】按钮，爆炸距离保持相同，但沿新轴应用。

[3]　根据需要进行更改：选择零部件以添加到爆炸步骤；通过右击并选取删除，从步骤中删除零部件；更改设置；更改选项。

[4]　单击【应用】按钮以预览更改。

[5]　单击【完成】按钮以完成此操作。

7.5.3　添加爆炸直线

可以添加爆炸直线，以便在爆炸视图中显示项目之间的关系。

将爆炸直线添加到爆炸视图，使用爆炸直线草图（一种 3D 草图）。

插入爆炸直线草图的操作步骤如下。

[1] 单击装配体工具栏上的【爆炸直线草图】按钮，或单击【插入】/【爆炸直线草图】。爆炸草图工具栏出现，布路线将被激活，并且步路线操控板将打开。

[2] 使用以下添加爆炸直线，爆炸直线草图中的所有直线以幻影线显示。

- 步路线（爆炸草图工具栏）。
- 转折线（爆炸草图工具栏）。
- 3D 草图绘制工具栏。

[3] 关闭草图。草图 3DExplode 出现在 ConfigurationManager 中"爆炸视图"之下。

【例 7-13】 在爆炸视图中添加爆炸直线操作

[1] 打开初始文件"Z7L12.asm"，传动轴装配体爆炸视图如图 7-93 所示。

[2] 单击装配体工具栏上的【爆炸直线草图】按钮，出现步路线操控板。

[3] 步路线操控板中"要连接的项目"选择传动轴表面和"平键 1"表面，设置步路线操控板，如图 7-94 所示。

图 7-93　传动轴装配体爆炸视图　　　　图 7-94　设置步路线操控板

[4] 预览步路线，如图 7-95 所示。单击【确定】按钮，生成一条步路线，如图 7-96 所示。

图 7-95　预览步路线　　　　　　　图 7-96　生成一条步路线

[5] 步路线操控板中"要连接的项目"选择传动轴表面和"平键 2"边线，设置步路线操控板，如图 7-97 所示。

[6] 预览步路线，如图 7-98 所示。单击【确定】按钮，生成另一条步路线，如图 7-99

所示。

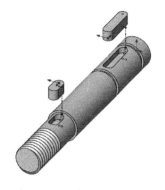

图 7-97 设置步路线操控板　　　　图 7-98 预览步路线　　　　图 7-99 生成另一条步路线

7.6 综合实例——深沟球轴承装配体设计

设计要求

深沟球轴承结构简单、使用方便，是生产批量最大、应用范围最广的于类轴承。它主要用于承受径向载荷，也可承受一定的轴向载荷。当轴承的径向游隙加大时，具有角接触轴承的功能，可承受较大的轴向载荷。它应用于汽车、拖拉机、机床、电机、水泵、农业机械、纺织机械等。深沟球轴承装配体如图 7-100 所示，采用建立了深沟球轴承装配体中的零部件进行深沟球轴承装配体设计。

设计思路

（1）分析深沟球轴承装配体中的零部件结构特点和它们之间对应的装配关系。

（2）新建一个装配体文件。

（3）首先装入轴承内圈，添加配合关系。

（4）装入轴承滚动体，添加配合关系。

图 7-100 深沟球轴承装配体

（5）装入轴承保持架，添加配合关系。

（6）最后装入轴承外圈，添加配合关系。

新建一个装配体文件

[1] 启动 SolidWorks 2014 后，单击【新建】按钮。

[2] 在弹出的新建 SolidWorks 文件对话框中选择"装配体"复选框，单击【确定】按钮。

装入轴承内圈

[1] 设置开始装配体属性，单击【浏览】打开现有文件轴承内圈，如图 7-101 所示。

[2] 单击【确定】按钮，装配体绘图区中插入轴承内圈，如图 7-102 所示。

图 7-101　设置开始装配体属性

图 7-102　装配体绘图区中插入轴承内圈

✅ **装配滚动体**

[1]　单击装配体工具栏上的【插入零部件】按钮🔧，出现插入零部件操控板，单击【浏览】打开现有文件滚动体，设置插入零部件操控板，如图 7-103 所示。

[2]　单击图形区域以放置零部件，装配体中插入滚动体，如图 7-104 所示。

图 7-103　设置插入零部件操控板

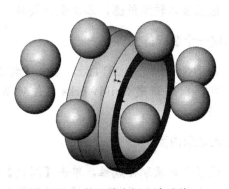

图 7-104　装配体中插入滚动体

[3] 单击装配体工具栏上的【配合】按钮，在操控板中的"配合选择"下，为要配合的实体选择要配合在一起的实体原点，在"标准配合"下单击【重合】按钮，设置重合配合操控板，如图 7-105 所示，预览添加重合配合后的装配体，如图 7-106 所示，单击【添加/完成配合】按钮。

[4] 为要配合的实体选择要配合在一起的实体基准面，在标准配合下单击【重合】按钮，设置重合配合操控板，如图 7-107 所示，预览添加重合配合后的装配体，如图 7-108 所示，单击【添加/完成配合】按钮。

图 7-105　设置重合配合
操控板

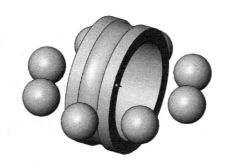

图 7-106　预览添加重合
配合后的装配体

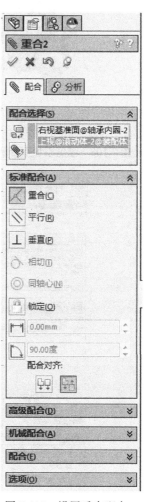

图 7-107　设置重合配合
操控板

[5] 单击【确定】按钮以关闭操控板，添加配合后的装配体如图 7-109 所示。

装配保持架

[1] 单击装配体工具栏上的【插入零部件】按钮，出现插入零部件操控板，单击【浏览】打开现有文件保持架，设置插入零部件操控板，如图 7-110 所示。

[2] 单击图形区域以放置零部件，装配体中插入保持架，如图 7-111 所示。

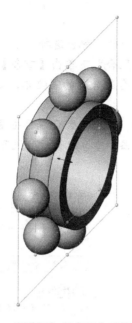

图 7-108 预览添加重合配合后的装配体

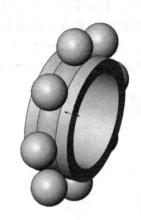

图 7-109 添加配合后的装配体

图 7-110 设置插入零部件操控板

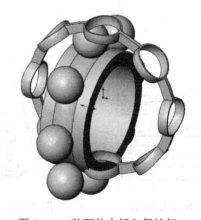

图 7-111 装配体中插入保持架

[3] 单击装配体工具栏上的【配合】按钮✎，在操控板中的"配合选择"下，为要配合的实体🖫选择要配合在一起的实体表面，在"标准配合"下单击【重合】按钮，设置重合配合操控板，如图 7-112 所示，预览添加重合配合后的装配体，如图 7-113 所示，单击【添加/完成配合】按钮✓。

[4] 为要配合的实体🖫选择要配合在一起的实体表面，在"标准配合"下单击【同轴心】按钮，设置同轴心配合操控板，如图 7-114 所示，预览添加同轴心配合后的装配体，如图 7-115 所示，单击【添加/完成配合】按钮✓。

图 7-112　设置重合配合操控板

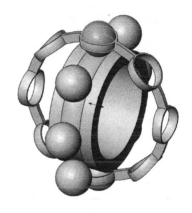

图 7-113　预览添加重合配合后的装配体

图 7-114　设置同轴心配合操控板

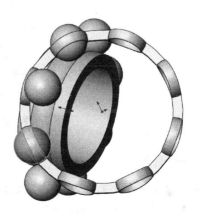

图 7-115　预览添加同轴心配合后的装配体

[5] 为要配合的实体🖥选择要配合在一起的实体基准面，在"标准配合"下单击【重合】
按钮，设置重合配合操控板，如图 7-116 所示，预览添加重合配合后的装配体，如
图 7-117 所示，单击【添加/完成配合】按钮✅。

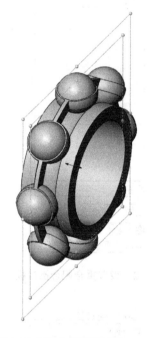

图 7-116　设置重合配合操控板　　　　　　图 7-117　预览添加重合配合后的装配体

[6] 单击【确定】按钮✅以关闭操控板，添加配合后的装配体如图 7-118 所示。

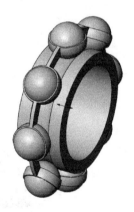

图 7-118　添加配合后的装配体

✓　装入轴承外圈

[1] 单击装配体工具栏上的【插入零部件】按钮🗗，出现插入零部件操控板，单击【浏
览】打开现有文件轴承外圈，设置插入零部件操控板，如图 7-119 所示。

[2] 单击图形区域以放置零部件，装配体中插入轴承外圈，如图 7-120 所示。

图 7-119　设置插入零部件操控板　　　　　　　　　图 7-120　装配体中插入轴承外圈

[3] 单击装配体工具栏上的【配合】按钮，在操控板中的"配合选择"下，为要配合的实体选择要配合在一起的实体表面，在"标准配合"下单击【同轴心】按钮，设置同轴心配合操控板，如图 7-121 所示，预览添加同轴心配合后的装配体，如图 7-122 所示，单击【添加/完成配合】按钮。

图 7-121　设置同轴心配合操控板　　　　　　　　　图 7-122　预览添加同轴心配合后的装配体

[4] 为要配合的实体🖳选择要配合在一起的实体基准面，在"标准配合"下单击【重合】
　　 按钮，设置重合配合操控板，如图 7-123 所示，预览添加重合配合后的装配体，如
　　 图 7-124 所示，单击【添加/完成配合】按钮✅。

图 7-123　设置重合配合操控板　　　　　　　　图 7-124　预览添加重合配合后的装配体

[5] 单击【确定】按钮✅以关闭操控板，添加配合后的装配体如图 7-125 所示。

图 7-125　添加配合后的装配体

7.7　本章小结

　　本章介绍了装配体的一些基本概念、设计方法、零部件的基本装配操作、零部件的定位
操作、干涉检查、控制装配体的显示和外观、生成爆炸视图和编辑爆炸视图等基本内容。通

过将已经设计好的零件组装成一个装配体,可以对所建立的装配体模型进行各种分析和检查,来检验设计工作的可行性和合理性。

7.8 思考与练习

1. 思考题

(1)简述装配设计方法。

(2)装配体中基本零部件操作主要可以完成哪些工作?

(3)简述装配体设计过程中添加和删除零部件过程。

(4)怎样进行零部件的移动和旋转操作?

(5)如何添加零部件之间的配合关系?

(6)怎样进行装配体干涉和碰撞检查?

(7)如何控制零部件的显示和外观?

(8)简要说明生成爆炸视图过程。

2. 练习题

(1)齿轮泵装配体如图 7-126 所示,根据已经建立齿轮泵各零部件模型进行齿轮泵装配体设计。

(2)生成齿轮泵装配体爆炸视图,如图 7-127 所示。

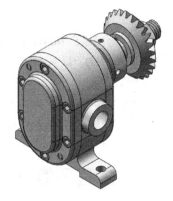

图 7-126　齿轮泵装配体

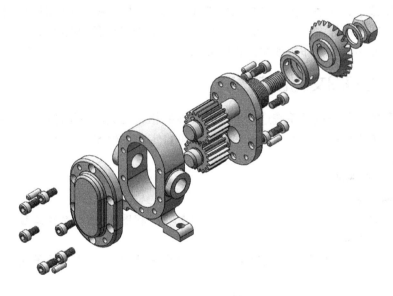

图 7-127　齿轮泵装配体爆炸视图

第8章 工程图

本章介绍 SolidWorks 2014 如何创建工程视图、操纵工程视图、工程图标注和打印工程图。可以为 3D 实体零件和装配体创建 2D 工程图，然后将尺寸和注解等从模型插入到工程图。

SolidWorks 2014 在工程图设计方面提供了强大的功能，用户可以很方便地借助于零件模型或装配体模型创建工程视图。视图的创建工作完成后，能够进行各种工程视图操纵、尺寸、注解和材料明细表标注。

8.1 工程图概述

工程图样是在工程技术中，按一定的投影方法和有关标准的规定，把物体的形状用图形画在图纸上并用数字、文字相关符号标注出物体的大小、材料和有关制造的技术要求、技术说明等，工程图样通常称为工程图。SolidWorks 2014 工程图有多种选项自定义工程图，以符合国家标准或企业标准及打印机或绘图机的要求。

8.1.1 为工程图文档设定选项

在创建工程图之前先进行系统选项和文件属性的相关设置，系统选项和文件属性不同的设置生成的工程图文件内容也不同。有多种选项可自定义工程图以符合公司的标准及打印机或绘图机的要求。

1. 系统工程图选项

系统工程图选项的操作步骤如下。

[1] 单击菜单【工具】/【选项】/【系统选项】/【工程图】，出现系统工程图选项操控板，如图 8-1 所示。

[2] 指定视图的各种显示和更新选项。在"系统选项"标签上的设定会应用到所有文档。

[3] 工程图的其他系统选项。显示样式——工程图视图显示模式和相切边线显示。区域剖面线/填充——区域剖面线的剖面线或实体填充、阵列、比例及角度。

[4] 单击【确定】按钮。

2. 文件指定的工程图选项

文件指定的工程图选项的操作步骤如下。

[1] 单击菜单【工具】/【选项】/【文档属性】，出现文档属性操控板，如图 8-2 所示。

[2] 指定新选项。"文档属性"选项卡上的设定仅适用于当前文档。

[3] 单击【确定】按钮。

图 8-1　系统工程图选项操控板

图 8-2　文档属性操控板

工程图文件属性可在出详图、DimXpert、尺寸、注释、零件序号、箭头、虚拟交点、注解显示、注解字体、表格和视图标号等主题中设置。

8.1.2 自定义图纸格式

可以自定义工程图图纸格式以符合公司的标准格式。SolidWorks 2014 提供的图纸格式不以任何准则为依据，工程图模板包含链接到属性的注释。

SolidWorks 2014 虽然没有提供符合国家或国内企业标准的工程图纸格式，但是却提供了一些非常方便的图纸编辑和修改方法，用户可以方便地编辑和修改已经提供或建立好的图纸格式来生成图纸格式文件。

【例 8-1】 生成图纸格式文件操作

（1）打开任意一个零件模型。

（2）单击快捷工具栏上的【新建】□·下拉菜单，如图 8-3 所示，选择【从零件|装配体制作工程图】▣。

（3）出现询问对话框，如图 8-4 所示，然后单击【确定】按钮。

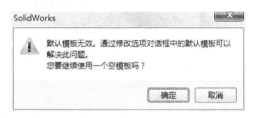

图 8-3　【新建】□·下拉菜单　　　　　　　图 8-4　询问对话框

（4）新建工程图文件时，在图纸格式/大小控制板中，选择【自定义图纸大小】单选按钮，设定图纸宽度为"420mm"和高度为"297mm"，如图 8-5 所示。

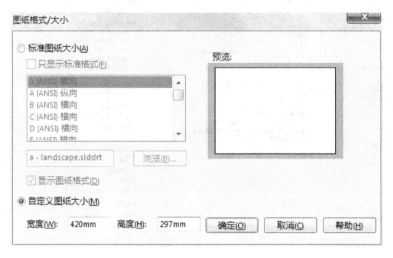

图 8-5　图纸格式/大小控制板

（5）单击【确定】按钮，新的图纸就加入工程图中，如图 8-6 所示。

（6）在绘图区中右击，在弹出的快捷菜单中单击【编辑图纸格式】，进入编辑图纸格式状态。

（7）绘制一个矩形边框，左下角点坐标为（25,5），右上角点坐标为（415,292），如图 8-7 所示。

图 8-6　新的图纸

图 8-7　绘制的矩形边框

（8）绘制标题栏，如图 8-8 所示。绘制工程图模板，如图 8-9 所示。

图 8-8　绘制标题栏

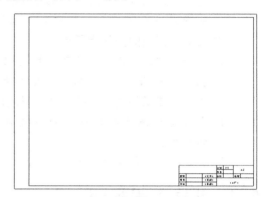

图 8-9　绘制工程图模板

（9）指定图纸属性。在工程图图纸绘图区中右击，在弹出的快捷菜单中单击【属性】，在图纸属性控制板进行设置，如图 8-10 所示。

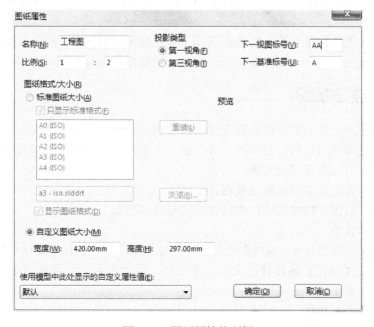

图 8-10　图纸属性控制板

（10）单击【文件】/【保存图纸格式】，在弹出的【保存图纸格式】对话框中指定保存路径和输入文件名"A3"，单击【保存】按钮。

8.1.3　建立工程图文件

工程图包含一个或多个由零件或装配体生成的视图。零件或装配体在生成其关联工程图之前必须进行保存。

工程图文件的扩展名为.slddrw。新工程图使用所插入的第一个模型名称，该名称出现在标题栏中。当保存工程图时，模型名称作为默认文件名出现在【另存为】对话框中，并带有默认扩展名.slddrw。保存工程图之前可以编辑该名称。

从零件或装配体文件内生成工程图的操作步骤如下。

[1]　单击标准工具栏上的【从零件/装配体制作工程图】按钮📇。

[2]　选择"图纸格式/大小"选项，然后单击【确定】按钮。

[3]　从视图调色板将视图拖动到工程图图纸中，然后在操控板中设定"选项"。

创建新的工程图的操作步骤如下。

[1]　单击标准工具栏上的【新建】按钮🗋，或单击【文件】/【新建】。

[2]　在新建 SolidWorks 文件对话框中选择工程图📇，然后单击【确定】按钮。

[3]　选择"图纸格式/大小"选项，然后单击【确定】按钮。

[4]　在模型视图操控板中从打开文件中选择一个模型，或浏览到一个零件或装配体文件。

[5]　在操控板中指定"选项"，然后将视图放置在图形区域中。

8.2　创建工程视图

一个完整的工程图可以包括一个或几个通过模型建立的标准视图，也可以在现有标准视图的基础上建立其他派生视图。

通常开始一个工程图的标准工程视图为标准三视图、模型视图、相对视图和预定义的视图。

派生的工程视图是在现有的工程视图基础上建立起来的视图，包括投影视图、辅助视图、局部视图、剪裁视图、断开的剖视图、断裂视图、剖面视图和旋转剖视图等。

8.2.1　标准三视图

标准三视图能为所显示的零件或装配体同时生成三个相关的默认正交视图。

前视图与上视图及侧视图有固定的对齐关系。上视可以竖直移动，侧视可以水平移动。俯视图和侧视图与主视图有对应关系。

可以使用多种方法来生成标准三视图。

在开始新的工程图文档时生成标准三视图的操作步骤如下。

[1]　打开新工程图。

[2]　在模型视图操控板中：在"要插入的零件/装配体"下，在打开文档中选取一个文档，或者单击【浏览】按钮找出文档。单击💬，在"定向"下选取"生成多视图"，然后单击"前视"、"上视"及"右视"。

[3]　单击【确定】按钮✅。

使用标准方法生成标准三视图的操作步骤如下。

[1] 在工程图文件中，单击工程图工具栏上的【标准三视图】按钮，或单击【插入】/【工程图视图】/【标准三视图】，指针变为。

[2] 选择模型：在标准三视图操控板中从打开的文件中选择一个模型，或浏览到一个模型文件然后单击【确定】按钮。如要在零件窗口中添加零件视图，单击零件的一个面或图形区域中的任何位置，或单击 FeatureManager 设计树中的零件名称。如要在装配体窗口中添加装配体视图，单击图形区域中的空白区域，或单击 FeatureManager 设计树中的装配体名称。如要在装配体窗口中添加装配体零部件视图，单击零件的面，或在 FeatureManager 设计树中单击单个零件或子装配体的名称。在工程图窗口中，在 FeatureManager 设计树或图纸上，单击包含所需零件或装配体的视图。

【例8-2】创建零件标准三视图操作

（1）单击标准工具栏上的【新建】按钮，或单击【文件】/【新建】。

（2）在新建 SolidWorks 文件对话框中选择工程图，然后单击【确定】按钮。

（3）选择"图纸格式/大小"选项，然后单击【确定】按钮，建立工程图文件。

（4）在工程图文件中，单击工程图工具栏上的【标准三视图】按钮，打开标准三视图控制板，如图 8-11 所示。

（5）单击【浏览】按钮，浏览到一个模型文件 Z8L1.prt，如图 8-12 所示。

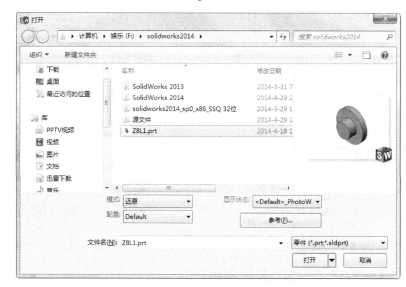

图 8-11　标准三视图控制板

图 8-12　浏览到一个模型文件

（6）单击【打开】按钮，生成零件标准三视图，如图 8-13 所示。

8.2.2　模型视图

模型视图命令是根据预定义的视向生成单一视图。当生成新工程图，或将一模型视图插入到工程图文件中时，模型视图操控板出现。按视向对话框中所列举的模型文档中的视图名称为视图选取一视向。

将模型视图插入到工程图中的操作步骤如下。

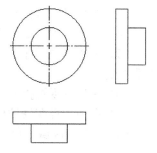

图 8-13　生成零件标准三视图

（1）单击工程图工具栏上的【模型视图】按钮，或单击【插入】/【工程图视图】/【模型】。

（2）在模型视图操控板中，设定"选项"，如图8-14所示。

（3）单击【下一步】按钮，此时也可单击【标准三视图】按钮来插入所选模型的标准三视图。

（4）在模型视图操控板中，设定"额外选项"，如图8-15所示。

（5）单击【确定】按钮。

图 8-14　设定"选项"　　　　　　　　　　图 8-15　设定"额外选项"

【例8-3】创建零件模型视图操作

（1）单击标准工具栏上的【新建】按钮，或单击【文件】/【新建】。

（2）在新建SolidWorks文件对话框中选择工程图，然后单击【确定】按钮。

（3）选择"图纸格式/大小"选项，然后单击【确定】按钮，建立工程图文件。

（4）单击工程图工具栏上的【模型视图】按钮，出现模型视图控制板。

（5）单击【浏览】按钮，浏览到一个模型文件Z8L1.prt，如图8-16所示，单击【打开】按钮。

（6）在模型视图操控板中，设定"选项"，如图8-17所示。单击【下一步】按钮。

（7）在模型视图操控板中，设定"额外选项"，如图8-18所示。

（8）在图形区域中单击来放置视图，单击【确定】按钮，生成零件模型视图，如图8-19所示。

图 8-16　浏览到一个模型文件

图 8-17　设定"选项"

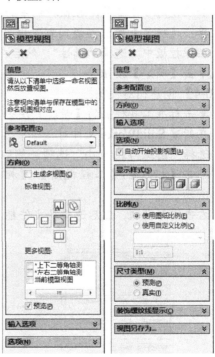

图 8-18　设定"额外选项"

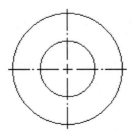

图 8-19　生成零件模型视图

8.2.3 相对视图

相对模型视图是一个正交视图（前视、右视、左视、上视、下视及后视），由模型中两个直交面或基准面及各自具体方位的规格定义。可使用该视图类型将工程图中第一个正交视图设定到与默认设置不同的视图。

插入相对视图的操作步骤如下。

[1] 单击工程图工具栏上的【相对视图】按钮，或单击【插入】/【工程图视图】/【相对于模型】，指针形状变为。

[2] 转换到在另一窗口中打开的模型，或右击图形区域然后选择从文件插入来打开模型。

[3] 在操控板的"方向"/"第一方向"下，选择一视向（前视、上视、左视等），然后在工程视图中为此方向选择面或基准面。

[4] 在"视向"/"第二方向"下，选择另一视向，与第一方向正交，然后在工程视图中为此方向选择另一个面或基准面。

[5] 如果使用多体零件，在操控板中的范围下进行选择。

[6] 单击【确定】按钮返回到工程图文件，指针形状变为。

[7] 在操控板中，选择"属性"，然后在图形区域中单击来放置视图。

[8] 单击【确定】按钮。

【例 8-4】 创建相对视图操作

[1] 单击标准工具栏上的【新建】按钮，或单击【文件】/【新建】。

[2] 在新建 SolidWorks 文件对话框中选择工程图，然后单击【确定】按钮。

[3] 选择"图纸格式/大小"选项，然后单击【确定】按钮，建立工程图文件。

[4] 单击【插入】/【工程视图】/【相对于模型】，出现相对视图控制板，如图 8-20 所示。

[5] 右击图形区域，然后选择从文件插入，如图 8-21 所示。

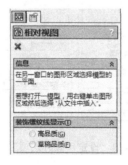

图 8-20　相对视图控制板

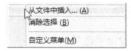

图 8-21　选择从文件插入

[6] 单击【浏览】按钮，浏览到一个模型文件 Z8L2.prt，如图 8-22 所示，单击【打开】按钮。

[7] 在操控板的"第一方向"下，选择一视向为前视，选择斜面为前视，如图 8-23 所示。

[8] 在"第二方向"下，选择另一视向为左视，与第一方向正交，选择前面为左视，如图 8-24 所示。

[9] 设置相对视图属性，如图 8-25 所示。

[10] 单击【确定】按钮返回到工程图文件，指针形状变为。

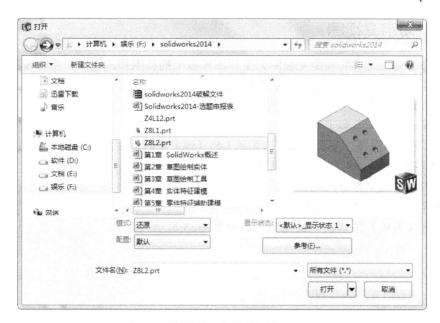

图 8-22　浏览到一个模型文件 Z8L2.prt

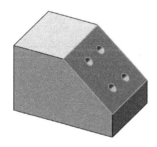

图 8-23　选择斜面为前视

图 8-24　选择前面为左视

[11] 在操控板中选择"属性",如图 8-26 所示,然后在图形区域中单击来放置视图。

[12] 单击【确定】按钮 ✓,生成零件相对视图,如图 8-27 所示。

图 8-25　设置相对视图属性

图 8-26　在操控板中选择属性

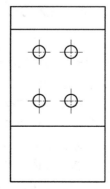

图 8-27　生成零件相对视图

8.2.4 预定义视图

可使用命名视图之类的预定义视图为工程图模板上的视图预选视向、位置及比例。在操控板中，可使用插入模型，在以后添加模型或装配体时作为参考引用。

可将带预定义视图的工程图文件保存为文件模板。

将预定义的视图插入到工程图中的操作步骤如下。

[1] 在工程图文件中，单击工程图工具栏上的【预定义的视图】按钮，或单击【插入】/【工程图视图】/【预定义的视图】。

[2] 在图形区域中单击以放置视图。

[3] 在操控板中，设定"选项"。

[4] 单击【确定】按钮，预定义视图如图 8-28 所示。

图 8-28　预定义视图

8.2.5 空白视图

使用空白视图绘制与工程图相关的几何体，可能不被显示。可给空白视图添加注解、尺寸及区域剖面线。

插入空白视图的操作步骤如下。

[1] 单击工程图工具栏上的【空白视图】按钮，或单击【插入】/【工程图视图】/【空白视图】。

[2] 在图形区域中单击以放置视图。

[3] 在操控板中，设置"选项"，然后单击【确定】按钮。空白视图如图 8-29 所示。

图 8-29　空白视图

8.2.6 投影视图

投影视图是从一个已经存在的视图展开生成的新视图，在图纸中添加一投影视图。投影视图通过现有视图而生成，所产生的视向受工程图图纸属性中定义的"第一角"或"第三角"投影法来设定的影响。

生成投影视图的操作步骤如下。

[1] 单击工程图工具栏上的【投影视图】按钮，或单击【插入】/【工程图视图】/【投影视图】。投影视图操控板出现。

[2] 在图形区域中选择一个投影用的视图。

[3] 如要选择投影的方向，将指针移动到所选视图的相应一侧。当移动指针时，视图的

预览在选取【拖动工程视图】/【显示内容】时会显示，也可控制视图的对齐。

[4] 当视图位于所需的位置时，单击以放置视图。投影视图放置在图纸上，与用来生成它的视图对齐。根据系统默认，只能沿投影的方向来移动投影视图。如有必要，可更改视图的对齐。

【例8-5】 从模型视图生成投影视图操作

（1）打开初始文件"Z8g1.slddrw"，打开模型视图，如图8-30所示。

（2）单击工程图工具栏上的【投影视图】按钮器，投影视图操控板出现，如图8-31所示。

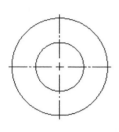

图8-30　打开模型视图

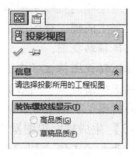

图8-31　投影视图操控板

（3）在图形区域中选择模型视图，如图8-32所示。

（4）将指针移动到所选视图的相应一侧，如图8-33所示。

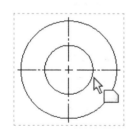

图8-32　选择模型视图

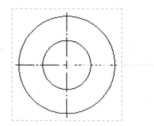

图8-33　将指针移动到所选视图的相应一侧

（5）当视图位于所需的位置时，单击以放置视图，如图8-34所示。

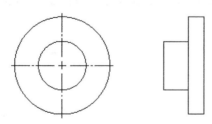

图8-34　单击以放置视图

8.2.7　辅助视图

辅助视图类似于投影视图，但它是垂直于现有视图中参考边线的展开视图。

生成辅助视图的操作步骤如下。

[1] 单击工程图工具栏上的【辅助视图】按钮 ⚙，或单击【插入】/【工程图视图】/【辅助视图】。辅助视图操控板出现。

[2] 选取参考边线（不能是水平或竖直的边线，因为这样会生成标准投影视图）。参考边线可以是零件的边线、侧影轮廓边线、轴线或所绘制的直线。当移动指针时，视图的预览在选取【拖动工程视图】/【显示内容】时会显示，也可控制视图的对齐和方向。

[3] 移动光标直到视图到达需要的位置，然后单击以放置视图。如有必要，可编辑视图标号并更改视图的方向。

如果使用绘制的直线生成辅助视图，草图将被吸收，这样不能将之删除。

编辑用来生成辅助视图的直线的操作步骤如下。

[1] 选择辅助视图。

[2] 在辅助视图操控板中选取"箭头"。

[3] 右击视图箭头，然后选择【编辑草图】。

[4] 编辑所绘制的直线，然后退出草图。

【例 8-6】 生成辅助视图操作

[1] 打开初始文件"Z8g2.slddrw"，打开模型视图，如图 8-35 所示。

[2] 单击工程图工具栏上的【辅助视图】按钮 ⚙，投影视图操控板出现，如图 8-36 所示。

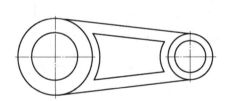

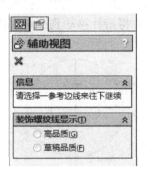

图 8-35　打开模型视图　　　　　　　　　　图 8-36　辅助视图操控板

[3] 选取参考边线，如图 8-37 所示。

[4] 当移动指针时，视图的预览在选取【拖动视图】/【显示其内容】时会显示，如图 8-38 所示。

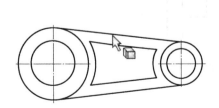

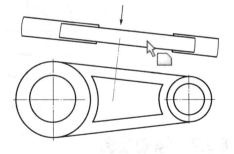

图 8-37　选取参考边线　　　　　　　　　　图 8-38　视图的预览

[5] 移动光标直到视图到达需要的位置，然后单击以放置视图，如图 8-39 所示。

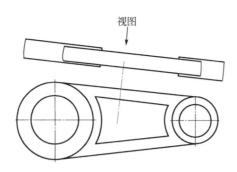

视图

图 8-39　单击以放置视图

8.2.8　局部视图

在工程图中生成一个局部视图来显示一个视图的某个部分（通常是以放大比例显示）。放大的部分使用草图（通常是圆或其他闭合的轮廓）进行闭合。

生成局部视图的操作步骤如下。

[1]　单击工程图工具栏上的【局部视图】按钮Ⓐ，或单击【插入】/【工程图视图】/【局部视图】。

[2]　局部视图操控板出现，圆工具⊕被激活。

[3]　绘制一个圆。当移动指针时，视图的预览在选取【拖动工程视图】/【显示内容】时会显示。

[4]　当视图位于所需的位置时，单击以放置视图。可以编辑视图标号，而且可在必要时修改视图。若想移除输入到工程图的任何草图，将之从 FeatureManager 设计树中删除即可。

【例 8-7】　生成局部视图操作

[1]　打开初始文件"Z8g3.slddrw"，打开视图，如图 8-40 所示。

[2]　单击工程图工具栏上的【局部视图】按钮Ⓐ，局部视图操控板出现，如图 8-41 所示。

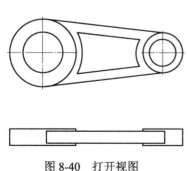

图 8-40　打开视图

图 8-41　局部视图操控板

[3]　绘制一个圆，如图 8-42 所示。

[4]　设置局部视图属性，如图 8-43 所示。

[5]　移动光标直到视图到达需要的位置，然后单击以放置视图，如图 8-44 所示。

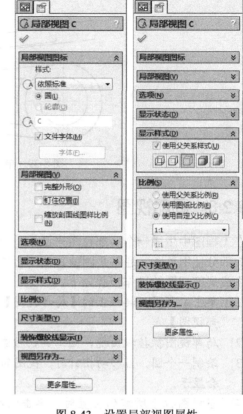

图 8-42　绘制一个圆　　　　　　　　　图 8-43　设置局部视图属性

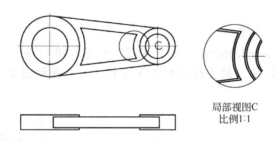

局部视图C
比例1:1

图 8-44　单击以放置视图

8.2.9　裁剪视图

剪裁视图是指通过隐藏除了所定义区域之外的所有内容而集中于某部分的工程图视图。未剪裁的部分使用草图（通常是样条曲线或其他闭合的轮廓）进行闭合。

除了局部视图或已用于生成局部视图的视图，可以裁剪任何工程视图。由于没有生成新的视图，裁剪视图可以节省步骤。

剪裁视图的操作步骤如下。

[1]　在工程图视图中绘制一个闭环轮廓，如圆。

[2]　单击工程图工具栏上的【剪裁视图】按钮，或单击【插入】/【工程图视图】/【剪裁视图】，轮廓以外的视图消失。

【**例8-8**】 生成剪裁视图操作

[1] 打开初始文件 "Z8g4.slddrw"，打开视图，如图8-45所示。

[2] 在工程图视图中绘制一圆，如图8-46所示。

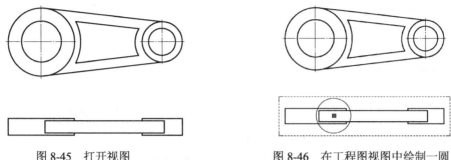

图8-45　打开视图　　　　　　　　图8-46　在工程图视图中绘制一圆

[3] 单击工程图工具栏上的【剪裁视图】按钮，生成剪裁视图，如图8-47所示。

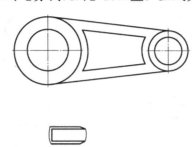

图8-47　生成剪裁视图

8.2.10　断开的剖视图

断开的剖视图是为了在工程图视图中，剖切装配体的某部分以显示内部。断开的剖视图会自动在所有零部件的剖切面上生成剖面线。

断开的剖视图是现有工程视图的一部分，而不是单独的视图。断开的剖视图的闭合轮廓通常是一条样条曲线，用来定义断开的剖视图。断开的剖视图的材料被移除到指定的深度以展现内部细节。通过设定一个数目或在工程图视图中选取几何体来指定深度。

生成断开的剖视图的操作步骤如下。

[1] 单击工程图工具栏上的【断开的剖视图】按钮，或单击【插入】/【工程图视图】/【断开的剖视图】，此时指针变成。

[2] 绘制一轮廓。

[3] 在剖面视图对话框中，设定"选项"。如果不想从断开的剖视图中排除零部件或扣件，单击【确定】按钮。

[4] 在断开的剖视图操控板中，设定"选项"。

[5] 单击【确定】按钮。

【**例8-9**】 生成断开的剖视图操作

[1] 打开初始文件 "Z8g5.slddrw"，打开视图，如图8-48所示。

[2] 单击工程图工具栏上的【断开的剖视图】按钮，此时指针变成。

[3] 绘制一闭环样条曲线。

[4] 在断开的剖视图操控板中，设定"选项"，如图8-49所示。

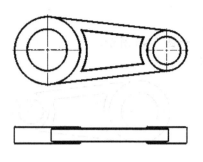

图 8-48　打开视图　　　　　　　　　　　　　图 8-49　设定"选项"

[5]　预览断开的剖视图，如图 8-50 所示。

[6]　单击【确定】按钮 ✅，生成断开的剖视图，如图 8-51 所示。

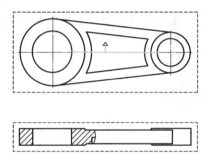

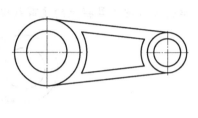

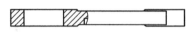

图 8-50　预览断开的剖视图　　　　　　　　　图 8-51　生成断开的剖视图

8.2.11　断裂视图

可以在工程图中使用断裂视图。断裂视图可以将工程图视图以较大比例显示在较小的工程图纸上。使用组折断线在视图中生成缝隙或折断。与断裂区域相关的参考尺寸和模型尺寸反映了实际的模型数值。

生成断裂视图的操作步骤如下。

[1]　选取一个工程图视图，然后单击工程图工具栏上的【断裂视图】按钮 ᠁，或单击【插入】/【工程图视图】/【断裂视图】。

[2]　在操控板中设定"选项"：添加竖直折断线 ᠁、添加水平折断线 ᠁、缝隙大小和折断线样式 ᠁。折断线附加到指针。

[3]　在视图中单击两次以放置两条折断线，从而生成折断。视图在几何体上显示一条缝隙。

[4]　根据需要添加其他折断线。要在同一个视图中生成水平和竖直折断线，使用水平和竖直方向添加多个折弯。

[5]　单击【确定】按钮 ✅。

【例 8-10】生成断裂视图操作

[1]　打开初始文件 "Z8g6.slddrw"，打开视图，如图 8-52 所示。

[2]　选取一个工程图视图，如图 8-53 所示。

[3]　单击工程图工具栏上的【断裂视图】按钮 ᠁，断裂视图操控板出现。

[4]　在操控板中设定"选项"，如图 8-54 所示。

[5]　在视图中单击两次以放置两条折断线，如图 8-55 所示。

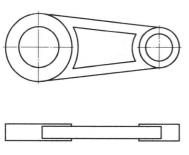

图 8-52　打开视图

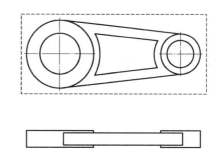

图 8-53　选取一个工程图视图

图 8-54　设定"选项"

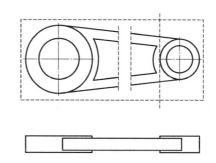

图 8-55　单击两次以放置两条折断线

[6]　单击【确定】按钮 ✅，生成断裂视图，如图 8-56 所示。

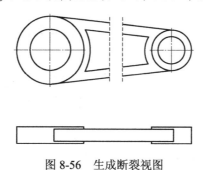

图 8-56　生成断裂视图

8.2.12　剖面视图

通过使用剖切线或剖面线切割父视图，可以在工程图中建立剖面视图。剖面视图可以是直切剖面或是用阶梯剖切线定义的等距剖面。剖切线还可以包括同心圆弧。

插入剖面视图的操作步骤如下。

[1]　单击工程图工具栏上的【剖面视图】按钮，或单击【插入】/【工程图视图】/【剖面视图】。

[2]　在剖面视图辅助操控板中，单击【剖面视图】。

[3]　在切割线中，选择"自动启动剖面实体"，选择一切割线类型，然后将剖切线移动至所需位置并单击。

[4]　将预览拖动至所需位置，然后单击以放置剖面视图。

【例 8-11】 生成剖面视图操作

[1] 打开初始文件 "Z8g7.slddrw"，打开视图，如图 8-57 所示。

[2] 单击工程图工具栏上的【剖面视图】按钮 ，剖面视图辅助操控板出现。

[3] 设置剖面视图辅助操控板，如图 8-58 所示。

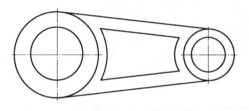

图 8-57　打开视图　　　　　　　　　　图 8-58　设置剖面视图辅助操控板

[4] 视图中将剖切线移动至所需位置，如图 8-59 所示，单击。

[5] 设置剖面视图操控板，如图 8-60 所示。

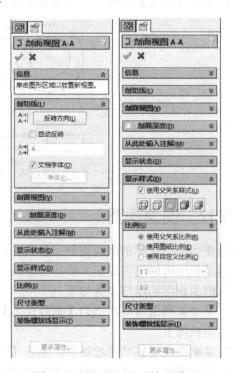

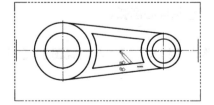

图 8-59　将剖切线移动至所需位置　　　　图 8-60　设置剖面视图操控板

[6] 单击以放置剖面视图，生成剖面视图，如图 8-61 所示。

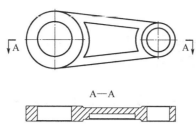

图 8-61　生成剖面视图

8.3 操纵工程视图

可以对工程视图进行更新、对齐、旋转和移动等操作，使视图符合设计的一些要求。

8.3.1　更新视图

要在激活的工程图中控制视图的更新行为，就要指定自动更新视图模式。如被选择，工程图视图在更改模型时更新。也可通过设定"选项"来指定视图是否在打开工程图时更新。在工程图视图更新时，其在 FeatureManager 设计树中的图标更改为 。

在默认情况下，当模型改变时，所有的工程视图都会自动更新。

更改当前工程图中的更新模式：右击 FeatureManager 设计树顶部的工程图图标，然后选择或取消选择"自动更新视图"。

在打开工程图时自动更新的操作步骤如下。

[1]　单击【工具】/【选项】/【系统选项】/【工程图】。

[2]　选择"打开工程图时允许自动更新"。

手动更新工程图视图的操作步骤如下。

[1]　在 FeatureManager 设计树顶部的工程图图标上右击，然后选择"自动更新视图"。如果没有复选记号，说明手动更新视图被激活。

[2]　单击【编辑】/【更新所有视图】，或单击标准工具栏上的【重建模型】按钮 ，或单击【编辑】/【重建模型】。

8.3.2　对齐视图

对于默认为未对齐的视图，或解除了对齐关系的视图，可以更改其对齐关系，还可解除视图的对齐并将对齐返回到其默认值。

对齐视图命令通过限制移动而将相关工程图视图保持彼此对齐。当拖动视图时，虚线出现，以显示现有的对齐条件。可添加或从任何视图删除对齐。

使一个工程视图与另一个视图对齐的操作步骤如下。

[1]　选取一个工程视图，然后单击【工具】/【对齐工程图视图】/【水平对齐另一视图或竖直对齐另一视图】。或右击一个工程视图，然后选择一个对齐方式，指针会变为 。

[2]　选择要对齐的参考视图。

将工程视图与模型边线对齐的操作步骤如下。

[1]　在工程视图中选择一条线性模型边线。

[2]　单击【工具】/【对齐工程图视图】/【水平边线或竖直边线】。视图会旋转，直到所

选的边线成为水平或竖直。

对于已对齐的视图可以解除对齐关系并独立移动视图。

断开视图的对齐关系的操作步骤如下。

[1] 右击视图边界内部。

[2] 选择【对齐】/【解除对齐关系】，或单击【工具】/【对齐工程图视图】/【解除对齐关系】。

8.3.3 旋转视图

可在图纸上旋转工程图视图，或使用 3D 工程图视图模式将工程视图从其基准面旋转出来。可以旋转视图来将所选边线设定为水平或竖直方向，也可以绕视图中心点旋转视图以将视图设定为任意角度。

旋转工程视图的操作步骤如下。

[1] 单击视图工具栏上的【旋转视图】按钮 ⚙ 。或右击视图，然后选择【缩放/平移/旋转】/【旋转视图】。

[2] 选择一个视图（可在激活工具之前或之后选取视图）。

[3] 以下列方法之一旋转视图。

- 在图形区域中拖动视图。视图以"45 度"增量捕捉，但是可以拖动视图到任意角度。

- 使用左/右方向键。将使用为箭头键（在【工具】/【选项】/【系统选项】/【视图】下）指定的增量值。

- 在对话框中，为选定的视图指定工程视图角度。

[4] 可选择以下选项。

- 相关视图反映新的方向。更新从在旋转的视图（如投影视图）所生成的视图。

- 随视图旋转中心符号线。可在中心符号线操控板中旋转中心符号线。

[5] 单击【应用】按钮更新视图。可以旋转其他视图，然后在结束时单击关闭。

围绕中心点旋转工程视图的操作步骤如下。

[1] 单击视图工具栏上的【旋转视图】按钮 ⚙ 。或右击视图，然后选择【缩放/平移/旋转】/【旋转视图】。旋转工程视图对话框出现，如图 8-62 所示。

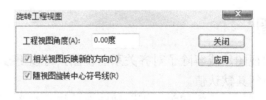

图 8-62　旋转工程视图对话框

[2] 执行以下操作之一。

- 拖动视图到所需的旋转位置。视图以"45 度"增量捕捉，但是可以拖动视图到任意角度。角度以度出现在对话框中。

- 在对话框中，在工程视图角度框中键入角度，然后单击应用查看旋转。

- 按左/右方向键。视图根据在【工具】/【选项】/【系统选项】/【视图】/【视图旋转】中为方向键所指定的增量值移动。

[3] 设置"选项"，然后单击【应用】按钮。

[4] 单击【关闭】按钮，关闭此对话框。

绕模型边线旋转工程图的操作步骤如下。

[1] 在工程图中选择一条线性模型边线。

[2] 单击【工具】/【对齐工程图视图】/【水平边线或竖直边线】。视图会旋转，直到所选的边线成为水平或竖直。如果用这种方式改变了一个视图，从此视图投影得到的任何视图会更新以维持它们的投影关系。

8.3.4　移动工程视图

要移动工程图视图，使用以下方法之一。

- 单击并拖动任何实体（包括边线、顶点、装饰螺纹线等）。指针包括平移图标，表示可使用所选实体来移动视图。
- 选择一个工程图视图，然后使用方向键将之移动（轻推）。可设定方向键增量。
- 按住 Alt 键，然后将指针放置在视图中的任何地方并拖动视图。
- 将指针移到视图边界上以高亮显示边界，或选择"视图"。当【移动指针】出现时，将视图拖动到新的位置。
- 对于默认为未对齐的视图，或解除了对齐关系的视图，可以更改视图的对齐，还可解除视图的对齐并将对齐返回到其默认值。

要注意以下限制。

- 标准三视图。主视图与其他两个视图有固定的对齐关系。当移动它时，其他的视图也会跟着移动。其他两个视图可以独立移动，但是只能水平或垂直于主视图移动。
- 辅助视图、剖面视图和旋转剖视图与生成它们的母视图对齐，并只能沿投影的方向移动。
- 断裂视图遵循断裂之前的视图对齐状态。剪裁视图保留原视图的对齐关系。

8.4　工程图标注

工程图除了包含由模型建立的视图之外，还包括尺寸、注解和材料明细表等标注内容。

8.4.1　尺寸标注

工程图中的尺寸标注是与模型相关联的，而且模型中的变更会反映到工程图中。

通常在生成每个零件特征时即生成尺寸，然后将这些尺寸插入各个工程视图中。在模型中改变尺寸会更新工程图，在工程图中改变插入尺寸也会改变模型。

根据系统默认设置，插入尺寸为黑色，还包括零件或装配体文件中以蓝色显示的尺寸（如拉伸深度），参考尺寸以灰色显示，并带有括号。

当将尺寸插入所选视图时，可以插入整个模型的尺寸，也可以有选择地插入一个或多个零部件（在装配体工程图中）的尺寸或特征（在零件或装配体工程图中）的尺寸。

尺寸只放置在适当的视图中。不会自动插入重复的尺寸。如果尺寸已经插入一个视图中，则它不会再插入另一个视图中。

可以从一个视图中删除尺寸，然后将之插入到另一个视图中，或将之移动或复制到另一个视图中。

1. 设定尺寸选项

可以设定当前文件中的尺寸选项，也可以在尺寸属性对话框或操控板中指定文件中特定尺寸的属性。

为当前文件设定尺寸选项的操作步骤如下。

[1] 在工程图中单击标准工具栏上的【选项】按钮 ，选择"文档属性"，然后选择"尺寸"。单击【工具】/【选项】/【文件属性】/【尺寸】，尺寸选项对话框如图 8-63 所示。

[2] 更改文本、精度、等距距离、箭头和文字对齐等。

[3] 单击【确定】按钮。

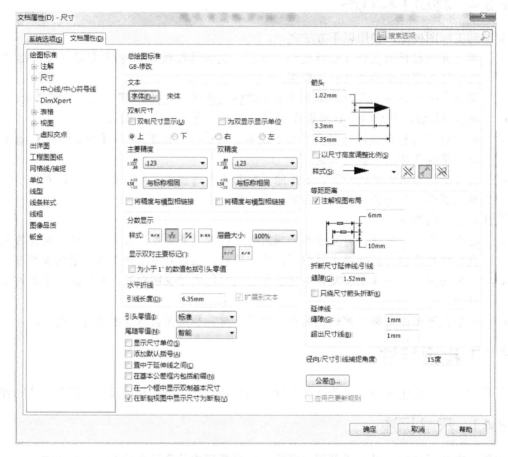

图 8-63　尺寸选项对话框

在 PropertyManager 中设定尺寸属性的操作步骤如下。

[1] 在工程图图形区域中，选择某个尺寸。尺寸操控板出现，如图 8-64 所示。

[2] 更改尺寸公差、精度、箭头样式等。所作更改显示在图形区域中。

[3] 单击【更多属性】以打开尺寸属性对话框，进行设置。

[4] 单击【确定】按钮 或在图形区域中单击以关闭 PropertyManager。

2. 自动标注工程图尺寸

可以使用自动标注尺寸工具将参考尺寸作为基准尺寸和尺寸链插入工程图视图。自动标注尺寸工具的工作方式与在草图中的行为类似。

自动标注工程图尺寸的操作步骤如下。

[1] 在工程图文档中，单击尺寸/几何关系工具栏上的【智能尺寸】按钮 。

[2] 选定"自动标注尺寸"选项卡。

[3] 在自动标注尺寸操控板中设定属性，然后单击【确定】按钮 。

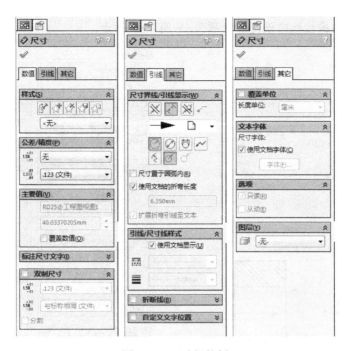

图 8-64　尺寸操控板

3. 参考尺寸

参考尺寸显示模型的测量值，但并不驱动模型，也不能更改其数值。但是当改变模型时，参考尺寸会相应更新。按照默认设置，参考尺寸包括在圆括号中（尺寸链除外）。

可以使用与标注草图尺寸同样的方法添加平行、水平和竖直的参考尺寸到工程图中。

尺寸链和基准尺寸均属于工程图中的参考尺寸类型。草图中的尺寸链和基准尺寸为驱动尺寸。

添加参考尺寸的操作步骤如下。

[1]　单击尺寸/几何关系工具栏中的【智能尺寸】按钮，或单击【工具】/【标注尺寸】/
　　　【智能尺寸】。

[2]　在工程图视图中单击想标注尺寸的项目。

[3]　快速标注尺寸可用于均匀放置尺寸，也可以将指针移至快速尺寸操纵杆外以放置
　　　尺寸。

4. 插入模型项目

可以将模型文件（零件或装配体）中的尺寸、注解及参考几何体插入工程图中。

可以将项目插入所选特征、装配体零部件、装配体特征、工程视图或者所有视图中。当插入项目到所有工程图视图时，尺寸和注解会以最适当的视图出现。会先在显示在部分视图的特征、局部视图或剖面视图中标注尺寸。

将现有模型项目插入工程图中的操作步骤如下。

[1]　单击注解工具栏上的【模型项目】按钮，或单击【插入】/【模型项目】。

[2]　在模型项目操控板中，设定"选项"。

[3]　单击【确定】按钮。

【例 8-12】插入模型项目标注尺寸操作

[1]　打开初始文件"Z8g8.slddrw"，打开视图，如图 8-65 所示。

[2]　单击注解工具栏上的【模型项目】按钮，模型项目操控板出现。

[3] 在模型项目操控板中设定"选项",如图 8-66 所示。

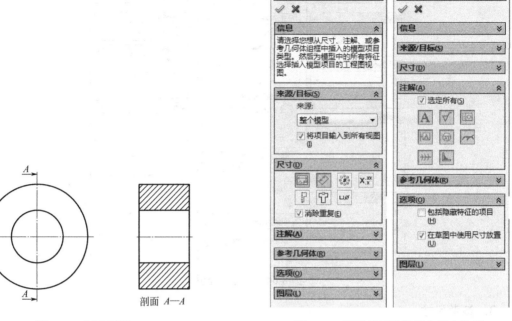

图 8-65　打开视图　　　　　　　　　　图 8-66　模型项目操控板中设定选项

[4] 视图中单击【剖面视图标准尺寸】,如图 8-67 所示。

[5] 单击【确定】按钮 √,调整标注尺寸位置,视图标注尺寸如图 8-68 所示。

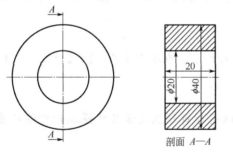

图 8-67　单击剖面视图标准尺寸

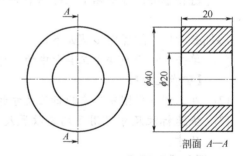

图 8-68　视图标注尺寸

8.4.2　注解标注

注解是包括给工程图添加信息的文本和符号。在每种类型的 SolidWorks 文件中,注解的行为方式与尺寸相似。可以在零件或装配体文档中添加注解,然后使用注解视图或模型项目操控板将之插入工程图中,或可在工程图中生成注解。

注解包括注释、表面粗糙度、基准特征、形位公差、零件序号、材料明细表、中心符号线和中心线等内容。

1．注释

在文档中,注释可为自由浮动或固定,也可带有一条指向某项(面、边线或顶点)的引线。注释可以包含简单的文字、符号、参数文字或超文本链接。

生成注释的操作步骤如下。

[1] 单击注解工具栏上的【注释】按钮A，或单击【插入】/【注解】/【注释】。

[2] 在注释操控板中设定"选项"。

[3] 要将注释文本设置为大写显示，请在"文字格式"下，单击【全部大写】。

[4] 如果注释有引线，单击【为引线放置附加点】。

[5] 再次单击来放置注释，或单击并拖动边界框。

[6] 生成边界框：在键入文字前单击并拖动边界框。或者，单击以放置注释，然后拖动控标根据需要调整边界框。

[7] 键入文字。按 Enter 键，在当前行下添加新行。

[8] 使用格式化工具栏设定"选项"。

[9] 在图形区域中注释外单击来完成注释。

[10] 将注释操控板打开，重复以上步骤生成所需数量的注释。

[11] 单击【确定】按钮。

2．表面粗糙度符号

可以使用表面粗糙度符号来指定零件面的表面纹理。

插入表面粗糙度符号的操作步骤如下。

[1] 单击注解工具栏上的【表面粗糙度】按钮√，或单击【插入】/【注解】|/【表面粗糙度符号】。

[2] 在 PropertyManager 中设定"属性"。

[3] 在图形区域中单击以放置符号。多个实例：根据需要单击多次以放置多条引线。编辑每个实例：可以在 PropertyManager 中更改每个符号实例的文字和其他项目。引线：如果符号带引线，单击一次放置引线，然后再次单击以放置符号。

[4] 单击【确定】按钮。

3．基准特征符号

在工程视图中，可以将基准特征符号附加在显示为边线（不是侧影轮廓线）的曲面或剖面视图曲面上。

插入基准特征符号的操作步骤如下。

[1] 单击注解工具栏上的【基准特征】按钮A，或单击【插入】/【注解】/【基准特征符号】。

[2] 在基准特征操控板中设定"选项"。

[3] 在图形区域中单击以放置附加项，然后放置该符号。如果将基准特征符号拖离模型边线，则会添加延伸线。

[4] 根据需要继续插入多个符号。

[5] 单击【确定】按钮。

4．形位公差符号

形位公差符号使用特性选择控制框将形位公差添加到零件和工程图。可放置形位公差符号于工程图、零件、装配体或草图中的任何地方，可显示引线或不显示引线，并可附加符号于尺寸线上的任何地方。

生成形位公差符号的操作步骤如下。

[1] 在注解工具栏上单击【形位公差】按钮，或单击【插入】/【注解】/【形位公差】。

[2] 在属性对话框和形位公差操控板中设定"选项"。

[3] 当添加项目时，会显示预览。

[4] 单击以放置符号。

[5] 单击【确定】按钮。

5．零件序号

可以在工程图文档中生成零件序号。零件序号用于标记装配体中的零件，并将零件与材料明细表中的序号相关联。

插入零件序号的操作步骤如下。

[1] 单击注解工具栏上的【零件序号】按钮①，或单击【插入】/【注解】/【零件序号】。零件序号操控板出现。

[2] 根据需要编辑 PropertyManager 中的属性，然后单击装配体工程视图中的一个零部件，或单击装配体模型中的零部件来放置引线，然后再次单击来放置零件序号。

[3] 根据需要继续插入零件序号。在插入零件序号前在 PropertyManager 中编辑每个零件序号的属性。

[4] 单击【确定】按钮✅。

6．材料明细表

装配体是由多个零部件组成的，需要在工程视图中列出组成装配体的零件清单，这可以通过材料明细表来表述。可将材料明细表插入工程图中。

将材料明细表插入工程图中的操作步骤如下。

[1] 单击表格工具栏上的【材料明细表】按钮🗐，或单击【插入】/【表格】/【材料明细表】。

[2] 选择一个工程图视图来指定模型。

[3] 在材料明细表操控板中设定"属性"，然后单击【确定】按钮✅。

[4] 如果没选择附加到定位点，在图形区域中单击来放置表格。

8.5 打印工程图

可以打印或绘制整个工程图纸，或只打印图纸中所选的区域。可以选择用黑白打印（默认值）或用彩色打印。还可以为各张工程图图纸指定不同的设定。可以在打印时设置工程图中线条的打印线粗，或在文档属性层设置线条的打印线粗。

指定单张工程图图纸的设定的操作步骤如下。

[1] 单击【文件】/【页面设置】。页面设置对话框如图 8-69 所示。

图 8-69　页面设置对话框

[2] 选择"单独设定每个工程图纸"。

[3] 在"设定的对象"中选择"图纸1",然后选择图纸的设定。

[4] 针对每张图纸重复步骤[3],然后单击【确定】按钮。

彩色打印工程图的操作步骤如下。

[1] 单击【文件】/【页面设置】。在工程图颜色下选择以下选项之一,然后单击【确定】按钮。

- 自动。如果打印机或绘图机驱动程序报告能够彩色打印,将发送彩色信息。否则,文档将打印成黑白形式。

- 颜色/灰度级。不论打印机或绘图机驱动程序报告的能力如何,将发送彩色数据到打印机或绘图机。黑白打印机通常以灰度级或使用此选项抖动来打印彩色实体。当彩色打印机或绘图机使用自动设定以黑白打印时,使用此选项。

- 黑白。不论打印机或绘图机的能力如何,将以黑白形式发送所有实体到打印机或绘图机。

[2] 单击【文件】/【打印】。打印对话框如图 8-70 所示。在对话框中的"文件打印机"下,从名称中选择一个打印机。

图 8-70   打印对话框

[3] 单击【属性】按钮,检查是否适当设定了彩色打印所需的所有选项。

[4] 单击【确定】按钮。

打印整个工程图的操作步骤如下。

[1] 单击【文件】/【打印】。在对话框中的"打印范围"下,选择"所有图纸"、"当前图纸"或"图纸",然后输入要打印的图纸。

[2] 在文件打印机下,单击【页面设置】按钮。

[3] 在页面设置对话框中的"分辨率和比例"下,选择"最佳比例"来打印页面上的整个图纸,或选择"比例",然后键入值。

[4] 单击【确定】按钮。

[5] 再次单击【确定】按钮来打印文档。

8.6 综合实例——阶梯轴工程图设计

设计要求

阶梯轴零件图和零件模型如图 8-71 所示。零件图包含一组视图、尺寸、形位公差、表面粗糙度、技术要求和标题栏等内容，利用阶梯轴零件模型来进行工程图设计。

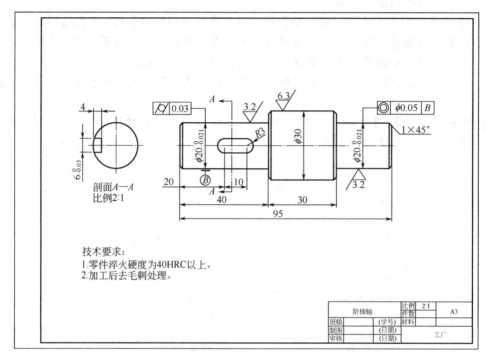

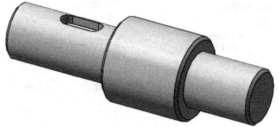

图 8-71　阶梯轴零件图和零件模型

设计思路

（1）分析阶梯轴零件结构特点和采用视图表达方式。

（2）建立一个新的工程图文件，将模型视图插入工程图中。

（3）添加中心线。

（4）生成剖面视图，在剖面视图中添加中心符号线。

（5）工程图标注尺寸。

（6）标注基准特征、形位公差和表面粗糙度。

（7）标注注释。

✓ 打开阶梯轴零件模型文件

[1] 单击【文件】/【打开】，在打开对话框中选择"阶梯轴"，如图 8-72 所示。

[2] 单击【打开】按钮，打开的阶梯轴零件如图 8-73 所示。

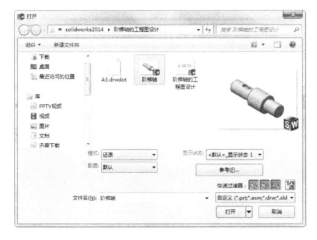

图 8-72　在打开对话框中选择"阶梯轴"　　　　　图 8-73　打开的阶梯轴零件

✓ 建立一个新的工程图文件

[1] 单击快捷工具栏上的【新建】 ⬚ ▾ 下拉菜单，如图 8-74 所示，选择【从零件|装配体制作工程图】 🖥。

[2] 出现询问对话框，如图 8-75 所示。然后单击【确定】按钮。

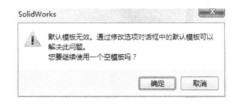

图 8-74　【新建】 ⬚ ▾ 下拉菜单　　　　　　　　图 8-75　询问对话框

[3] 出现图纸格式/大小对话框，单击【浏览】按钮，查找 A3 图纸格式，如图 8-76 所示。

图 8-76　图纸格式/大小对话框

[4] 单击【确定】按钮，建立一个新的 A3 工程图文件，如图 8-77 所示。

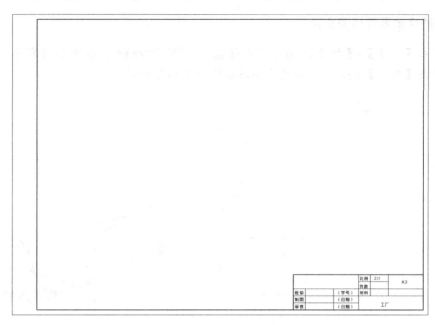

图 8-77　建立一个新的工程图文件

✓ **将模型视图插入到工程图中**

[1] 单击工程图工具栏上的【模型视图】按钮，出现模型视图控制板，在模型视图操控板中设定"选项"，如图 8-78 所示。

[2] 单击【下一步】按钮。在模型视图操控板中设定"额外选项"，如图 8-79 所示。

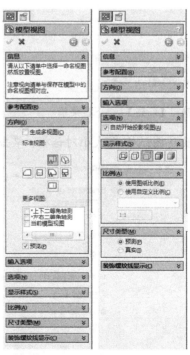

图 8-78　在模型视图中设定"选项"　　　　　　图 8-79　在模型视图中设定"额外选项"

[3] 在图形区域中单击来放置视图，单击【确定】按钮 ✓。生成零件模型视图，如图 8-80 所示。

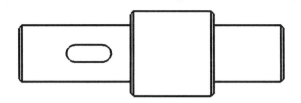

图 8-80　生成零件模型视图

✅ **添加中心线**

[1] 单击注解工具栏上的【中心线】按钮 ，出现中心线操控板，如图 8-81 所示。
[2] 为插入中心线选择"旋转 1"阶梯轴生成中心线，如图 8-82 所示。

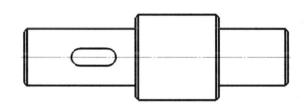

图 8-81　中心线操控板　　　　　　　　　图 8-82　生成中心线

✅ **生成剖面视图**

[1] 单击工程图工具栏上的【剖面视图】按钮 ，剖面视图辅助操控板出现。
[2] 设置剖面视图辅助操控板，如图 8-83 所示。
[3] 视图中将剖切线移动至所需位置并单击，如图 8-84 所示。

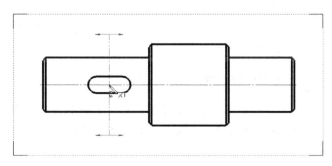

图 8-83　设置剖面视图辅助操控板　　　　　图 8-84　将剖切线移动至所需位置

[4] 设置剖面视图操控板，如图 8-85 所示。

[5] 将预览拖动至所需位置，然后单击以放置剖面视图，生成剖面视图，如图 8-86 所示。

图 8-85　设置剖面视图
　　　　操控板

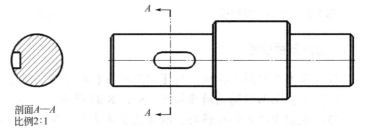

剖面 A—A
比例 2:1

图 8-86　生成剖面视图

在剖面视图中添加中心符号线

[1] 单击注解工具栏上【中心符号线】按钮⊕。设置中心符号线操控板，如图 8-87 所示。

[2] 在剖面视图中选择"外圆"，单击【确定】按钮✅，在剖面视图中生成中心符号线，如图 8-88 所示。

工程图标注尺寸

[1] 单击注解工具栏上【智能尺寸】按钮◇▾，在智能尺寸操控板中设定"选项"。

[2] 在工程图中标注尺寸，如图 8-89 所示。

图 8-87　设置中心符号线

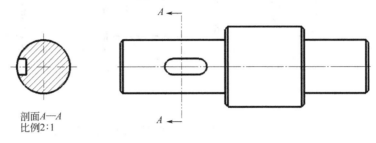

剖面A—A
比例2:1

图 8-88　在剖面视图中生成中心符号线

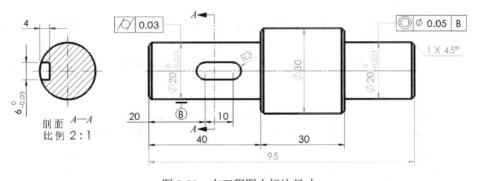

剖面 A—A
比例 2:1

图 8-89　在工程图中标注尺寸

标注基准特征

[1]　单击注解工具栏上的【基准特征】按钮 A，在基准特征操控板中设定选项。

[2]　在工程图中标注基准特征，如图 8-90 所示。

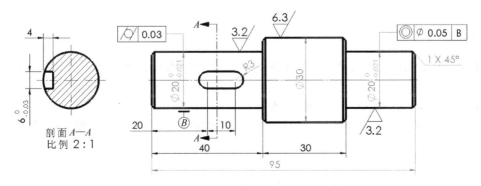

剖面 A—A
比例 2:1

图 8-90　在工程图中标注基准特征

✅ **标注形位公差**

[1] 单击注解工具栏上【形位公差】按钮 ▣，在形位公差操控板和属性对话框中设定"选项"。

[2] 单击以放置符号，在工程图中标注形位公差，如图 8-91 所示。

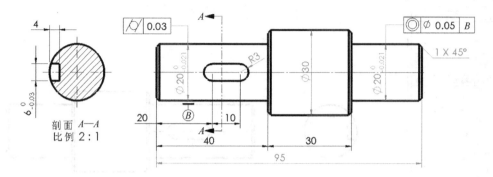

图 8-91 在工程图中标注形位公差

✅ **标注表面粗糙度**

[1] 单击注解工具栏上的【表面粗糙度】按钮 √，在表面粗糙度操控板中设定"选项"。

[2] 在图形区域中单击以放置符号，在工程图中标注表面粗糙度，如图 8-92 所示。

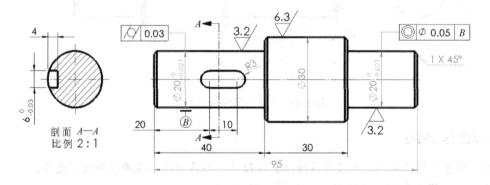

图 8-92 在工程图中标注表面粗糙度

✅ **标注注释**

[1] 单击注解工具栏上的【注释】按钮 A，在注释操控板中设定"选项"，如图 8-93 所示。

[2] 单击并拖动边界框，如图 8-94 所示。

[3] 在边界框中键入文字，使用格式化工具栏设定"文字选项"，如图 8-95 所示。

✅ **完善阶梯轴工程图**

进一步完善阶梯轴的工程图，如图 8-96 所示。

图 8-93　在注释 PropertyManager 中设定"选项"

图 8-94　单击并拖动生成边界框

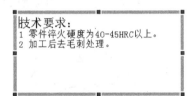

图 8-95　在边界框中键入技术要求

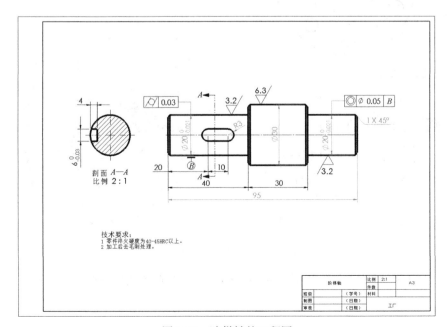

图 8-96　阶梯轴的工程图

8.7 本章小结

本章介绍了建立 SolidWorks 工程图的基本操作过程,包括创建工程视图、操纵工程视图、工程图标注和打印工程图。一张完整的工程图包含图纸格式、一组视图、尺寸标注、注解标注、标题栏和明细表等内容。

希望用户能熟练绘制出工程图,能全面掌握 SolidWorks 的各种工程视图绘制、工程图尺寸和注解的标注、工程图的对齐和为工程图文档设定选项等操作。

8.8 思考与练习

1. 思考题

(1)怎样设定系统工程图选项和文件指定的工程图选项?

(2)如何自定义图纸格式?

(3)创建工程视图常用的操纵方法有哪些?

(4)如何操纵工程视图?

(5)简述打印工程图方法和过程。

(6)简述如何进行工程图标注。

2. 练习题

(1)法兰盘零件图和零件模型如图 8-97 所示,从法兰盘零件模型开始进行工程图设计。

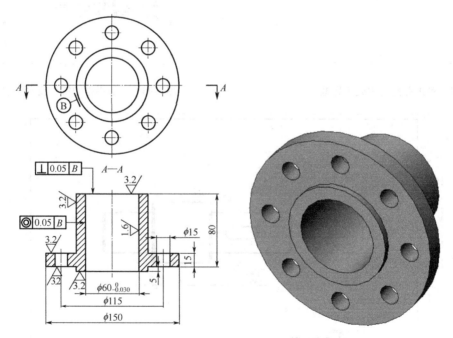

图 8-97 法兰盘零件图结构尺寸和零件模型

(2)阶梯轴零件图和零件模型如图 8-98 所示,从阶梯轴零件模型开始进行工程图设计。

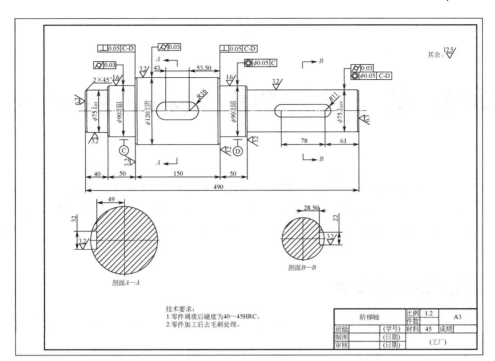

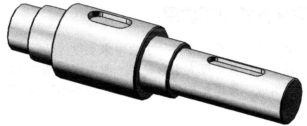

图 8-98　阶梯轴零件图和零件模型

第9章 几种典型机械零件设计

本章介绍几种典型机械零件设计过程，归纳零件设计思路和设计方法。在机械零件建模时，首先要分析零件的结构特点和几何特征，确定具体的设计步骤和操作过程，这样可以提高设计效率。希望用户按照书上的相关内容动手做一做，亲自体会一下其中的设计技巧。

9.1 轴类零件的设计

轴类零件是机器中经常遇到的典型零件之一。要学会利用 SolidWorks 软件进行轴类零件设计。

9.1.1 轴类零件的特点和功用

轴类零件是组成机械的一个重要零件，主要用来支撑传动零部件、传递扭矩和承受载荷。轴类零件是旋转体零件，其长度大于直径，一般由同心轴的外圆柱面、圆锥面、内孔和螺纹及相应的端面所组成。根据结构形状的不同，轴类零件可分为光轴、阶梯轴、空心轴和曲轴等。

9.1.2 轴类零件的设计思路和设计方法

轴类零件的基本结构相近，由圆柱或空心圆柱的主体结构，以及键槽、安装连接用的螺孔和定位用的销孔、防止应力集中的圆角等结构组成。可以采用草图截面旋转的方式构建其零件主体，也可以采用圆台累加的方式构建其零件主体，或采用拉伸切除圆台构建其零件主体。建议使用前一种方式，因为结构及其尺寸一目了然，便于设计与后期修改。

轴类零件采用旋转特征构建模型主体是首选。下面将以旋转特征的设计思想讨论轴类零件的造型设计，可以参照如下设计过程。

（1）首先绘制轴截面草图，利用旋转凸台/基体生成轴类零件的主体结构。

（2）添加键槽草图基准平面，在基准平面上绘制键槽拉伸切除草图。

（3）由草图拉伸切除创建键槽。

（4）完成倒角或圆角操作，进一步完善轴类零件建模。

【例9-1】 一种阶梯轴零件建模操作

⑦ 设计要求

一种阶梯轴零件图和零件模型如图 9-1 所示。根据阶梯轴零件的结构尺寸建立零件模型。

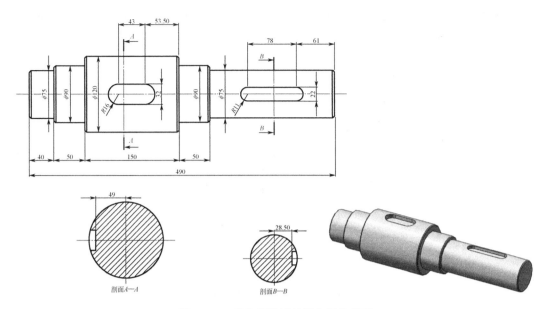

图 9-1　一种阶梯轴零件图和零件模型

建立一个新的零件文件并绘制草图

[1]　单击【新建】/【零件】/【确定】，新建一个零件文件。

[2]　单击 FeatureManager 设计树中前视基准面。

[3]　在前视基准面中绘制草图，如图 9-2 所示。

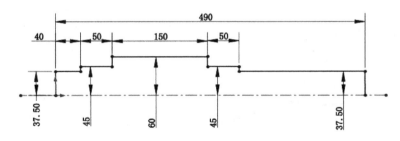

图 9-2　在前视基准面中绘制草图

旋转生成阶梯轴零件主体结构

[1]　单击 CommandManager 特征【旋转凸台/基体】按钮 ，出现旋转凸台/基体操控板。

[2]　设置旋转属性，如图 9-3 所示。

[3]　预览阶梯轴主体结构，如图 9-4 所示。

[4]　单击【确定】按钮 ，生成阶梯轴主体结构，如图 9-5 所示。

添加基准面

[1]　单击参考几何体工具栏上的【基准面】按钮 ，出现基准面操控板。

图 9-3　设置旋转属性

[2] 设置基准面属性,在"第一参考"中选择"上视基准面",偏移距离□输入"28.50mm",
如图 9-6 所示。

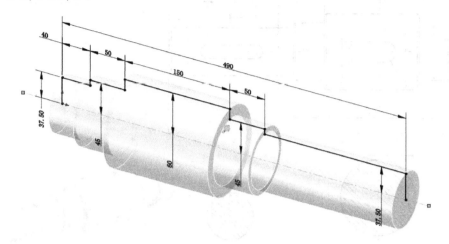

图 9-4　预览阶梯轴主体结构

图 9-5　生成阶梯轴主体结构

图 9-6　设置基准面属性

[3] 预览基准面,如图 9-7 所示。

图 9-7　预览基准面

[4] 单击【确定】按钮 ✅,生成新建基准面 1,如图 9-8 所示。

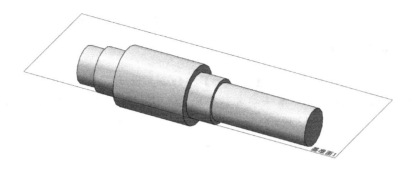

图 9-8　生成新建基准面 1

✅ **在基准面 1 上绘制拉伸切除草图**

[1]　单击设计树中【基准面 1】，单击位于 CommandManager 下的【草图】选项卡。

[2]　在基准面 1 上绘制草图，如图 9-9 所示。

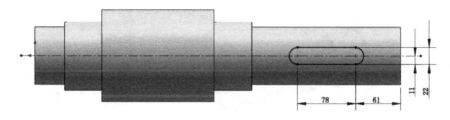

图 9-9　在基准面 1 上绘制草图

✅ **拉伸切除键槽**

[1]　单击 CommandManager 中特征【切除-拉伸】按钮，出现切除-拉伸操控板。

[2]　设置"切除-拉伸"属性，在"从"中选择"草图基准面"，在"方向 1"终止条件中选择"完全贯穿"，选择"反向"，如图 9-10 所示。

[3]　预览切除-拉伸键槽，如图 9-11 所示。

图 9-10　设置切除-拉伸属性

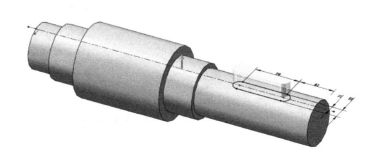

图 9-11　预览切除-拉伸键槽

[4]　单击【确定】按钮 ✅，生成切除-拉伸键槽，如图 9-12 所示。

✅　**添加另一草图基准面**

[1]　单击参考几何体工具栏上的【基准面】按钮 ◈，出现基准面操控板。

[2]　设置基准面属性，在"第一参考"中选择"上视基准面"，在偏移距离 ⊟ 中输入"60.00mm"，如图 9-13 所示。

图 9-12　生成切除-拉伸键槽　　　　　　　　　图 9-13　设置基准面属性

[3]　预览基准面，如图 9-14 所示。

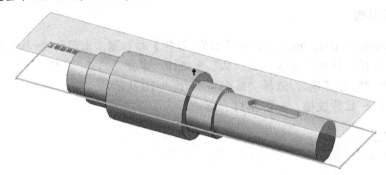

图 9-14　预览基准面

[4]　单击【确定】按钮 ✅，建立基准面 2，如图 9-15 所示。

图 9-15　建立基准面 2

✅ **在基准面2上绘制拉伸切除草图**

[1] 单击设计树中【基准面2】，单击位于CommandManager下的【草图】选项卡。

[2] 在基准面2上绘制草图，如图9-16所示。

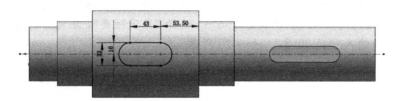

图9-16　在基准面2上绘制草图

✅ **拉伸切除另一键槽**

[1] 单击CommandManager中的特征【切除-拉伸】按钮▣，出现切除-拉伸操控板。

[2] 设置切除-拉伸属性，在"从"中选择"草图基准面"，在"方向1"终止条件中选择"给定深度"，深度数值输入"11.00mm"，如图9-17所示。

[3] 预览切除-拉伸另一键槽，如图9-18所示。

图9-17　设置切除-拉伸属性

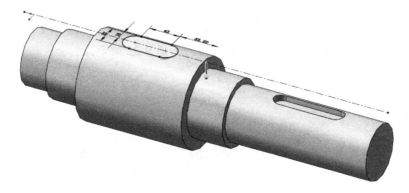

图9-18　预览切除-拉伸另一键槽

[4] 单击【确定】按钮 ✅，切除-拉伸生成另一键槽，如图 9-19 所示。

✅ **倒角**

[1] 单击 CommandManager 中特征【倒角】按钮 🔘，出现倒角操控板。

[2] 设置倒角属性，在 "倒角参数" 边线、面或顶点 🔲 中选择 "边线<1>、边线<2>、边线<3>、边线<4>、边线<5>、边线<6>"，选择 "角度距离"，距离 ⚬ 中输入 "2.00mm"，角度 🔲 中输入 "45.00 度"，如 9-20 所示。

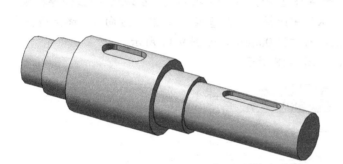

图 9-19　切除-拉伸生成键槽　　　　　　　　　图 9-20　设置倒角属性

[3] 预览阶梯轴倒角，如图 9-21 所示。

图 9-21　预览阶梯轴倒角

[4] 单击【确定】按钮 ✅，生成阶梯轴倒角，如图 9-22 所示。

图 9-22　生成阶梯轴倒角

9.2 弹簧的设计

弹簧零件是机器中的典型零件之一。要学会利用 SolidWorks 2014 进行弹簧零件设计。

9.2.1 弹簧的特点和功用

弹簧是机械和电子行业中广泛使用的一种弹性元件，弹簧在受载时能产生较大的弹性变形，把机械功或动能转化为变形能，而卸载后弹簧的变形消失并恢复原状，将变形能转化为机械功或动能。

弹簧按受力性质可分为拉伸弹簧、压缩弹簧、扭转弹簧和弯曲弹簧等。弹簧按形状可分为碟形弹簧、环形弹簧、板弹簧、螺旋弹簧、截锥涡卷弹簧及扭杆弹簧等。

弹簧的主要功能如下。

（1）控制机械的运动，如内燃机中的阀门弹簧、离合器中的控制弹簧等。

（2）吸收振动和冲击能量，如汽车、火车车厢下的缓冲弹簧及联轴器中的吸振弹簧等。

（3）储存及输出能量作为动力，如钟表弹簧、枪械中的弹簧等。

（4）用作测力元件，如测力器、弹簧秤中的弹簧等。弹簧的载荷与变形之比称为弹簧刚度，刚度越大，则弹簧越硬。

9.2.2 压缩弹簧的设计思路和设计方法

压缩弹簧是承受压力的螺旋弹簧，它所用的材料截面多为圆形，也有用矩形和多股钢材卷制的，弹簧一般为等节距的，压缩弹簧的形状有圆柱形、圆锥形、中凸形、中凹形及少量的非圆形等，压缩弹簧的圈与圈之间有一定的间隙，当受到外载荷时弹簧收缩变形，储存变形能。

普通圆柱弹簧由于制造简单，且可根据受载情况制成各种形式，结构简单，故应用最广。

压缩弹簧的结构比较简单，复杂的地方在于其形体依据螺旋规律变化，三维模型的创建也比较简单，只要使一定的截面沿着适合的螺旋线扫描就可以完成弹簧建模。

SolidWorks 2014 进行压缩弹簧设计的思路如下。

（1）绘制扫描用的螺旋线。

（2）绘制扫描用的草图。

（3）扫描生成弹簧基本形状。

（4）切除-拉伸弹簧端面。

【例 9-2】压缩弹簧建模操作

设计要求

压缩弹簧零件模型如图 9-23 所示，建立压缩弹簧零件模型。压缩弹簧的主要参数：中径 D_2 为 $\phi 20\text{mm}$，长度 H 为 80mm，节距 t 为 5mm，弹簧丝直径 d 为 $\phi 3\text{mm}$。

建立一个新的零件文件并绘制草图

[1] 单击【新建】/【零件】/【确定】，新建一个零件文件。

图 9-23　压缩弹簧零件模型

[2] 单击 FeatureManager 设计树中【前视基准面】。

[3] 在前视基准面中绘制草图，如图 9-24 所示。

图 9-24　在前视基准面中绘制草图

✔ 生成螺旋线

[1] 单击【插入】/【曲线】/【螺旋线/涡状线】，出现螺旋线/涡状线操控板。

[2] 设置螺旋线/涡状线属性，如图 9-25 所示。

[3] 预览螺旋线，如图 9-26 所示。

图 9-25　设置螺旋线/涡状线属性

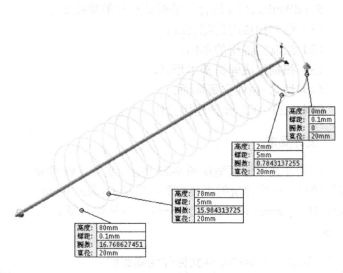

图 9-26　预览螺旋线

[4] 单击【确定】按钮 ✅，生成螺旋线，如图 9-27 所示。

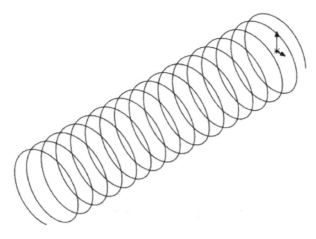

图9-27　生成螺旋线

✅ **添加基准面**

[1]　单击参考几何体工具栏上的【基准面】按钮◈，出现基准面操控板。

[2]　设置基准面属性，在"第一参考"中选择"螺旋线/涡状线"，在"第二参考"中选择"点"，如图9-28所示。

[3]　单击【确定】按钮✅，生成基准面1，如图9-29所示。

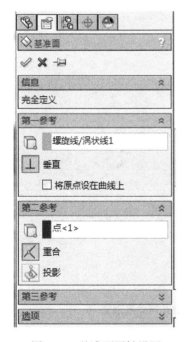

图9-28　基准面属性设置

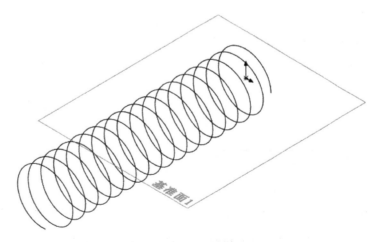

图9-29　生成基准面1

✅ **在基准面1上绘制草图**

[1]　单击设计树中【基准面1】，单击位于CommandManager下的【草图】选项卡。

[2]　在基准面1上绘制草图，如图9-30所示。

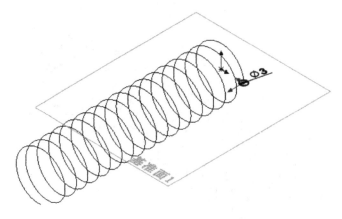

图 9-30　在基准面 1 上绘制草图

添加几何关系

[1] 单击菜单栏中【工具】/【几何关系】/【添加】，出现几何关系操控板。

[2] 设置添加几何关系属性，在"所选实体"中选择"点和螺旋线/涡状线"，在"所选实体"中单击"穿透"，如图 9-31 所示。

[3] 草图添加几何关系预览如图 9-32 所示。

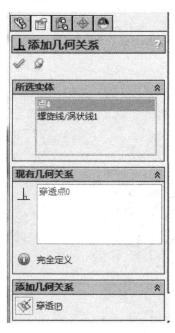

图 9-31　设置添加几何关系属性

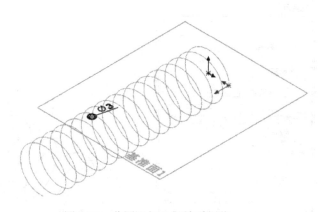

图 9-32　草图添加几何关系预览

[4] 单击【确定】按钮 ✅，草图添加几何关系，如图 9-33 所示。

扫描生成弹簧

[1] 单击 CommandManager 中特征【扫描】按钮 ，出现扫描操控板。

[2] 设置扫描属性，在"轮廓和路径"下，在轮廓 中选择"草图 2"，在路径 中选择"螺旋线/涡状线 1"，在"选项"方向/扭转控制中选择"随路径变化"，选择"显示

预览"，如图 4-34 所示。

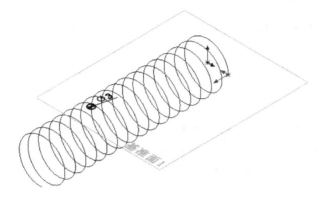

图 9-33　草图添加几何关系

图 9-34　设置扫描属性

[3]　预览扫描弹簧，如图 9-35 所示。
[4]　单击【确定】按钮 ✅，扫描生成弹簧，如图 9-36 所示。

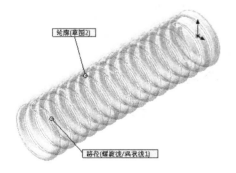

图 9-35　预览扫描弹簧

图 9-36　扫描生成弹簧

✅ **绘制切除-拉伸草图**

[1] 单击设计树中【前视基准面】，单击位于 CommandManager 下的【草图】选项卡，草图工具栏将出现。

[2] 在前视基准面中绘制切除-拉伸草图，如图 9-37 所示。

✅ **拉伸切除弹簧端面**

[1] 单击 CommandManager 中的特征【切除-拉伸】按钮🔲，出现切除-拉伸操控板。

[2] 设置切除-拉伸属性，在"从"中选择"草图基准面"，在"方向 1"终止条件中选择"完全贯穿"，如图 9-38 所示。

图 9-37 绘制切除-拉伸草图

图 9-38 设置切除-拉伸属性

[3] 预览切除-拉伸弹簧端面，如图 9-39 所示。

[4] 单击【确定】按钮✅，切除-拉伸弹簧端面，如图 9-40 所示。

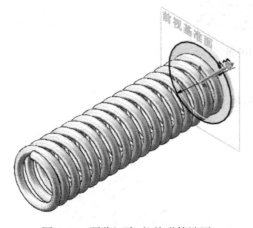

图 9-39 预览切除-拉伸弹簧端面

图 9-40 切除-拉伸弹簧端面

✅ **添加基准面**

[1] 单击参考几何体工具栏上的【基准面】按钮◈，出现基准面操控板。

[2] 设置基准面属性，在"第一参考"中选择"前视基准面"，【偏移距离】⊟输入"80.00mm"，如图 9-41 所示。

[3] 预览基准面，如图 9-42 所示。

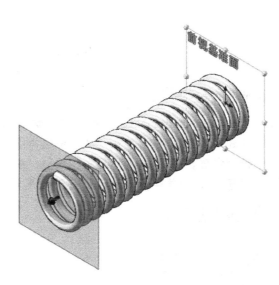

图 9-41　基准面属性设置　　　　　　　　图 9-42　预览基准面

[4] 单击【确定】按钮 ✅，建立基准面 2，如图 9-43 所示。

图 9-43　建立基准面 2

绘制拉伸切除草图

[1] 单击设计树中的【基准面 2】，单击位于 CommandManager 下的【草图】选项卡，草图工具栏将出现。

[2] 在基准面 2 上绘制切除-拉伸草图，如图 9-44 所示。

图 9-44　在基准面 2 上绘制切除-拉伸草图

拉伸切除弹簧端面

[1]　单击 CommandManager 中的特征【切除-拉伸】按钮圆，出现切除-拉伸操控板。

[2]　设置切除-拉伸属性，在"从"中选择"草图基准面"，在"方向 1"终止条件中选择"完全贯穿"，单击"反向"按钮，如图 9-45 所示。

[3]　预览切除-拉伸弹簧端面，如图 9-46 所示。

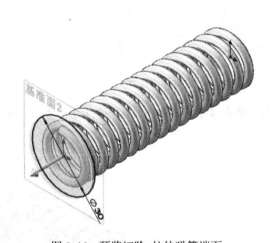

图 9-45　设置切除-拉伸属性　　　　　　　　图 9-46　预览切除-拉伸弹簧端面

[4]　单击【确定】按钮 ，切除-拉伸弹簧端面如图 9-47 所示。

图 9-47　切除-拉伸弹簧端面

9.3 齿轮的设计

齿轮零件是机器中的典型零件之一。要学会利用 SolidWorks 2014 进行齿轮零件设计。

9.3.1 齿轮的特点和功用

齿轮是依靠齿的啮合传递扭矩的轮状机械零件。齿轮通过与其他齿状机械零件（如另一齿轮、齿条、蜗杆）传动，可实现改变转速与扭矩、改变运动方向和改变运动形式等功能。由于传动效率高、传动比准确、功率范围大等优点，齿轮机构在工业产品中广泛应用，其设计与制造水平直接影响工业产品的质量。齿轮轮齿相互扣住齿轮会带动另一个齿轮转动来传送动力。将两个齿轮分开，也可以应用链条、履带、皮带来带动两边的齿轮而传送动力。

齿轮机构依靠轮齿啮合传动，齿轮机构是依靠轮齿直接接触构成高副来传递两轴之间的运动和动力的，它是应用范围最广的传动机构之一。齿轮传动具有传动功率大、效率高、结构紧凑、寿命长、速比大且能实现定速比和变速比传动等特点。还可以实现平行轴、任意角相交轴甚至任意角交错轴之间的传动。

齿轮机构的类型很多，根据两齿轮啮合传动时其相对运动是平面运动还是空间运动，可将其分为平面齿轮机构和空间齿轮机构两大类。齿轮的轮廓曲线有许多种，目前常用的有渐开线、摆线、变态摆线等。由于渐开线齿廓具有制造容易、安装方便、互换性好等优点，所以绝大多数的齿轮都采用渐开线作为齿廓曲线。

9.3.2 齿轮的设计思路和设计方法

齿轮可按齿形、齿轮外形、齿线形状、轮齿所在的表面和制造方法等分类。

（1）齿轮的齿形包括齿廓曲线、压力角、齿高和变位。

（2）齿轮按其外形分为圆柱齿轮、锥齿轮、非圆齿轮、齿条、蜗杆-蜗轮。

（3）按齿线形状齿轮分为直齿轮、斜齿轮、人字齿轮、曲线齿轮。

（4）按轮齿所在的表面齿轮分为外齿轮、内齿轮。外齿轮齿顶圆比齿根圆大；而内齿轮齿顶圆比齿根圆小。

（5）按制造方法齿轮分为铸造齿轮、切制齿轮、轧制齿轮、烧结齿轮等。

渐开线齿轮比较容易制造，因此现代使用的齿轮中渐开线齿轮占绝对多数，而摆线齿轮和圆弧齿轮应用较少。因此，着重介绍各种渐开线齿轮的造型设计。

齿轮建模过程如下。

（1）确定齿轮的基本参数：模数、齿数、压力角、轴孔径、齿轮厚度等。

（2）由齿顶圆直径、齿根圆直径、分度圆直径和齿轮厚度等参数，以及选定的齿轮形式，绘制齿轮轮廓曲线。

（3）执行拉伸或扫描命令，由齿轮轮廓曲线拉伸或扫描生成一个轮齿。

（4）绘制旋转特征草图，旋转生成齿轮基体。

（5）执行圆周阵列命令，生成所有轮齿。

（6）对模型进行圆角、倒角等操作，完成齿轮的造型设计。

【例 9-3】 渐开线齿轮零件建模操作

设计要求

渐开线齿轮实体模型如图 9-48 所示，根据齿轮参数来建立零件模型。齿轮主要参数：模

数 m 为 10、齿数 z 为 20、压力角 α 为 20°，齿轮厚度 B 为 75。

使用样条曲线拟合方法生成渐开线，首先计算出渐开线轮廓曲线上若干点在直角坐标系下的坐标，然后绘制通过以上点的样条曲线，利用样条曲线来代替渐开线。

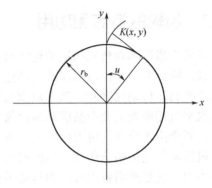

图 9-48　渐开线齿轮实体模型　　　　　　　　图 9-49　直角坐标系齿轮渐开线

齿轮渐开线轮廓曲线如图 9-49 所示。当用直角坐标来表示渐开线时，其方程为

$$x = r_b \sin u - r_b u \sin u , \quad y = r_b \cos u + r_b u \cos u$$

式中，r_b 为基圆半径；u 为渐开线展角。

基圆半径根据公式 $r_b = 0.5mz\cos\alpha$（m 为模数、z 为齿数、α 为压力角）计算，当给定齿轮的模数、齿数、压力角及渐开线的展角以后，即可计算渐开线上点的坐标。

✅ 计算齿轮的参数

[1]　分度圆直径=10×20=200(mm)。

[2]　齿顶圆直径=10×(20+2) = 220(mm)。

[3]　齿根圆直径=10×(20–2.5) = 175(mm)。

✅ 建立一个新的零件文件并绘制草图

[1]　单击【新建】/【零件】/【确定】，新建一个零件文件。

[2]　单击 FeatureManager 设计树中的【前视基准面】。

[3]　在前视基准面中绘制草图，如图 9-50 所示。

✅ 绘制渐开线齿形轮廓曲线

[1]　在前视基准面中绘制一条中心线，如图 9-51 所示。

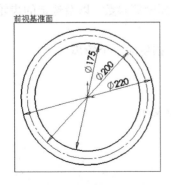

图 9-50　在前视基准面中绘制草图　　　　　　　图 9-51　绘制一条中心线

[2] 在分度圆、齿顶圆和齿根圆上绘制 3 个点，如图 9-52 所示。标注 3 个点尺寸，如图 9-53 所示。

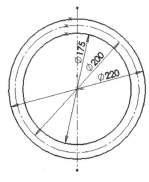

图 9-52　绘制 3 个点

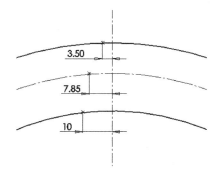

图 9-53　标注 3 个点尺寸

[3] 选择 3 个点绘制一条样条曲线来拟合渐开线，如图 9-54 所示。

[4] 镜向样条曲线如图 9-55 所示。

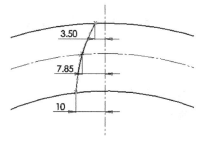

图 9-54　绘制一条样条曲线

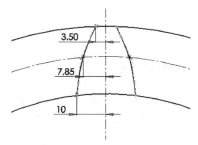

图 9-55　镜向样条曲线

[5] 单击草图工具栏上的【剪裁实体】按钮，剪裁后形成一个齿形轮廓曲线，如图 9-56 所示。

✔ 拉伸形成一个轮齿

[1] 单击 CommandManager 中特征【拉伸凸台/基体】按钮，打开拉伸凸台/基体操控板。

[2] 设置拉伸凸台/基体属性，在"从"中选择"草图基准面"，在"方向 1"中选择"给定深度"，在深度中输入"75.00mm"，如图 9-57 所示。

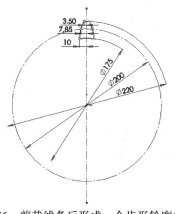

图 9-56　剪裁线条后形成一个齿形轮廓曲线

图 9-57　设置拉伸凸台/基体属性

[3] 预览拉伸轮齿，如图 9-58 所示。

[4] 单击【确定】按钮 ✅，拉伸生成一个轮齿，如图 9-59 所示。

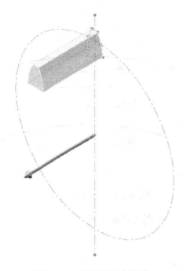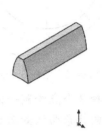

图 9-58　预览拉伸轮齿　　　　　　　　　　　　　图 9-59　拉伸生成一个轮齿

✅　**绘制旋转特征草图**

[1] 在设计树中选择"上视基准面"后，单击【草图绘制】按钮 ⤸。

[2] 在上视基准面中绘制旋转特征草图，如图 9-60 所示。

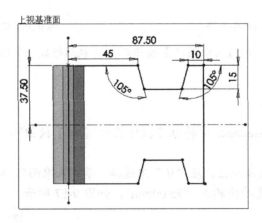

图 9-60　在上视基准面中绘制旋转草图

✅　**旋转生成齿轮基体**

[1] 单击 CommandManager 中的特征【旋转凸台/基体】按钮 ⊷，打开旋转凸台/基体操控板。

[2] 设置旋转属性，在"旋转轴"下，在旋转轴 ⬉ 中选择"直线"，在"方向 1"的旋转类型中选择"给定深度"，在方向 1 角度 ⬚ 中输入"360.00 度"，如图 9-61 所示。

[3] 预览旋转齿轮基体，如图 9-62 所示。

[4] 单击【确定】按钮 ✅，生成旋转齿轮基体，如图 9-63 所示。

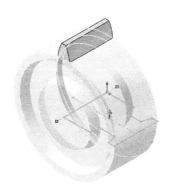

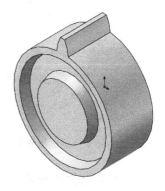

图 9-61　设置旋转属性　　　　图 9-62　预览旋转齿轮基体　　　　图 9-63　生成旋转齿轮基体

圆周阵列轮齿

[1]　单击【视图】/【临时轴】，在视图中打开临时轴，如图 9-64 所示。

[2]　单击 CommandManager 中的特征【圆周阵列】按钮 ，出现圆周阵列操控板。

[3]　设置圆周阵列属性，在"参数"中选择"临时轴"，在角度 中输入"360.00 度"，在实例数 中输入"20"，在要阵列的特征 中选择"拉伸 1"，如图 9-65 所示。

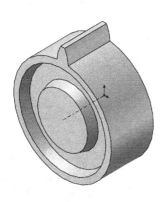

图 9-64　在视图中打开临时轴　　　　　　图 9-65　设置圆周阵列属性

[4]　预览圆周阵列齿轮各轮齿，如图 9-66 所示。

[5]　单击【确定】按钮 ，单击【视图】/【临时轴】，在视图中关闭临时轴，生成圆周阵列齿轮各轮齿，如图 9-67 所示。

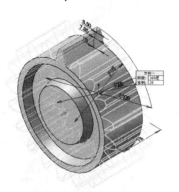

图 9-66　预览圆周阵列齿轮各轮齿

图 9-67　生成圆周阵列齿轮各轮齿

✓　**绘制齿轮拉伸安装孔草图**

[1]　单击齿轮表面，单击【草图绘制】按钮 ，选择齿轮表面作为草图基准面，如图 9-68 所示。

[2]　在所选基准面中，绘制齿轮拉伸安装孔草图，如图 9-69 所示。

图 9-68　选择齿轮表面作为草图基准面

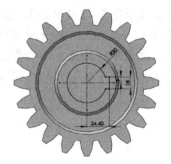

图 9-69　绘制齿轮拉伸安装孔草图

✓　**拉伸切除安装孔**

[1]　单击 CommandManager 中的特征【切除-拉伸】按钮，出现切除-拉伸操控板。

[2]　设置切除-拉伸属性，在"从"中选择"草图基准面"，在"方向 1"终止条件中选择"完全贯穿"，如图 9-70 所示。

[3]　预览切除-拉伸安装孔，如图 9-71 所示。

[4]　单击【确定】按钮 ，生成切除-拉伸安装孔，如图 9-72 所示。

图 9-70　设置切除-拉伸属性

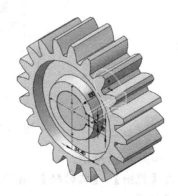

图 9-71　预览切除-拉伸安装孔

图 9-72　生成切除-拉伸安装孔

齿轮进行倒角

[1]　单击 CommandManager 中特征【倒角】按钮⊘，出现倒角操控板。

[2]　设置倒角属性，在"倒角参数"下，在边线、面或顶点🔲中选择"边线<1>"、"边线<2>"、"边线<3>"、"边线<4>"等，选择"角度距离"，在距离⚿中输入"2.00mm"，在角度╚中输入"45.00 度"，如 9-73 所示。

[3]　预览齿轮倒角，如图 9-74 示。

[4]　单击【确定】按钮✅，生成齿轮倒角，如图 9-75 所示。

图 9-73　设置倒角属性　　　　　图 9-74　预览齿轮倒角　　　　　图 9-75　生成齿轮倒角

9.4　带轮的设计

带轮零件是机器中的典型零件之一，要学会利用 SolidWorks 2014 进行带轮零件设计。

9.4.1　带轮的特点和功用

带轮结构由轮缘、轮辐和轮毂组成。根据轮辐结构分为实心式带轮、辐板式带轮、轮辐式带轮 3 种。带轮常用材料为灰铸铁、钢、铝合金或工程塑料等，其中以灰铸铁应用最广。

带轮属于盘毂类零件，一般相对尺寸比较大，制造工艺上一般以铸造、锻造为主。一般尺寸较大的设计采用铸造的方法，材料一般都是铸铁，很少用铸钢；一般尺寸较小的，可以设计为锻造，材料为钢。带轮主要用于远距离传送动力的场合。

带传动是依靠带与带轮之间的摩擦，将主动轴的运动和转矩传给从动轴的。它适用于远距离传动，且结构简单、维护方便、成本低廉。根据带的剖面形状有平带、V 形带和圆形带传动。此外，还有同步齿形带传动。其中以 V 形带传动应用最广。

带轮传动的优点：带轮传动能缓和载荷冲击；带轮传动运行平稳、低噪声、低震动；带轮传动的结构简单，调整方便；带轮传动对于带轮的制造和安装精度不像啮合传动严格；带轮传动具有过载保护的功能；带轮传动的两轴中心距调节范围较大。带传动的缺点：带轮传动有弹性滑动和打滑，传动效率较低和不能保持准确的传动比；带轮传动传

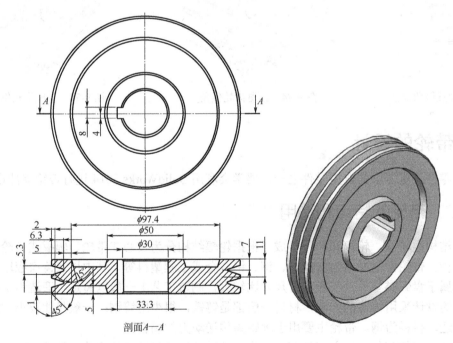

递同样大的圆周力时，轮廓尺寸和轴上压力比啮合传动大；带轮传动皮带的寿命较短。各类机械设备的带轮直径等尺寸都是自己根据减速比配的，根据工作转速与电机的转速自己设计。

9.4.2 带轮的设计思路和设计方法

带轮结构简单，多为中心对称结构。可以利用草图截面旋转生成带轮零件主体结构的方法建模。再进行切除-拉伸生成安装孔、键槽、倒角或圆角操作来完善模型。

以 V 形带传动应用最广，以 V 形带带轮为例介绍带轮零件的建模方法。带轮的建模设计过程可以参照下面的步骤。

（1）绘制带轮主体结构旋转草图，旋转生成带轮零件的主体结构。

（2）绘制安装孔和键槽切除-拉伸草图，由草图切除-拉伸生成安装孔和键槽。

（3）绘制侧面轮毂切除-拉伸草图，由草图切除-拉伸生成侧面轮毂。

（4）进行必要的倒角或圆角操作，完善模型。

【例 9-4】 V 形带带轮零件建模操作

设计要求

V 形带带轮零件图和零件模型如图 9-76 所示，根据 V 形带带轮参数尺寸建立带轮零件模型。

图 9-76 V 形带带轮零件图和零件模型

建立一个新的零件文件并绘制草图

[1] 单击【新建】/【零件】/【确定】，新建一个零件文件。

[2] 单击 FeatureManager 设计树中的【前视基准面】。

[3] 在前视基准面中绘制草图，如图 9-77 所示。

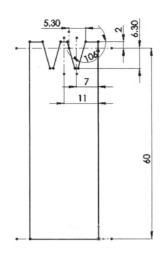

图 9-77　在前视基准面中绘制草图

旋转生成阶梯轴零件主体框架

[1]　单击 CommandManager 的特征【旋转凸台/基体】按钮，出现旋转凸台/基体操控板。

[2]　设置旋转属性，如图 9-78 所示。

[3]　预览旋转带轮主体结构，如图 9-79 所示。

[4]　单击【确定】按钮，生成带轮主体结构，如图 9-80 所示。

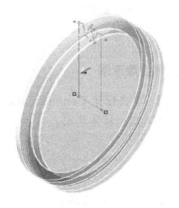

图 9-78　设置旋转属性　　　图 9-79　预览旋转带轮主体结构　　　图 9-80　生成带轮主体结构

在右视基准面上绘制安装孔和键槽草图

[1]　单击设计树中【右视基准面】，单击位于 CommandManager 下的【草图】选项卡。

[2]　在右视基准面中绘制安装孔和键槽草图，如图 9-81 所示。

拉伸切除安装孔和键槽

[1]　单击 CommandManager 中的特征【拉伸-切除】按钮，出现拉伸-切除操控板。

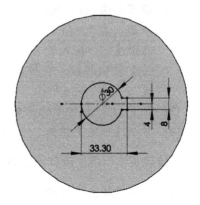

图 9-81　在右视基准面中绘制安装孔草图

[2] 设置切除-拉伸属性，在"从"中选择"草图基准面"，在"方向 1"终止条件中选择"完全贯穿"，如图 9-82 所示。

[3] 预览切除-拉伸安装孔和键槽，如图 9-83 所示。

[4] 单击【确定】按钮 ✅，生成切除-拉伸安装孔和键槽，如图 9-84 所示。

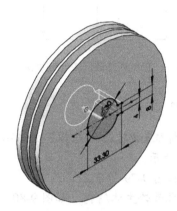

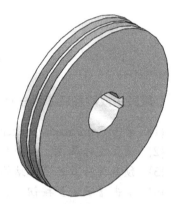

图 9-82　设置切除-拉伸
属性

图 9-83　预览切除-拉伸
安装孔和键槽

图 9-84　生成切除-拉伸
安装孔和键槽

✔ 在右视基准面上绘制侧面轮毂拉伸切除草图

[1] 单击设计树中的【右视基准面】，单击位于 CommandManager 下的【草图】选项卡。

[2] 在右视基准面中，绘制侧面轮毂切除-拉伸草图，如图 9-85 所示。

✔ 拉伸切除带轮一侧轮毂

[1] 单击 CommandManager 中的特征【切除-拉伸】按钮 📷，出现切除-拉伸操控板。

[2] 设置切除-拉伸属性，在"从"中选择"草图基准面"，在"方向 1"终止条件中选择"给定深度"，在深度 📷 中输入数值"5.00mm"，单击【拔模开/关】按钮 📷 后，在拔模角度中输入数值"15.00度"，如图 9-86 所示。

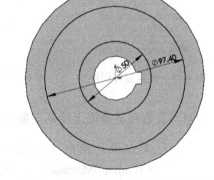

图 9-85　绘制侧面轮毂切除-拉伸草图

[3] 预览切除-拉伸带轮一侧轮毂，如图 9-87 所示。

[4] 单击【确定】按钮 ✅，切除-拉伸带轮一侧轮毂，如图 9-88 所示。

✔ 转换实体引用生成草图实体

[1] 单击带轮主体结构另一侧面，单击【草图绘制】按钮 📷，选择草图基准面，如图 9-89 所示。

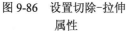

图 9-86　设置切除-拉伸
属性

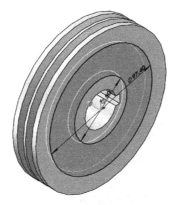

图 9-87　预览切除-拉伸
带轮一侧轮毂

图 9-88　切除-拉伸
带轮一侧轮毂

[2]　选择要转换实体的草图 3，如图 9-90 所示。

[3]　单击 CommandManager 中的【草图】/转换实体引用工具 ，转换实体引用草图，如图 9-91 所示。

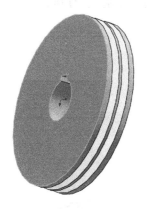

图 9-89　选择草图基准面

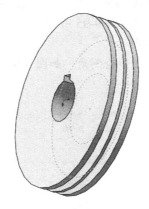

图 9-90　选择要转换实体的草图

图 9-91　转换实体引用草图

✅　**拉伸切除带轮另一侧轮毂**

[1]　单击 CommandManager 中的特征【切除-拉伸】按钮 ，出现切除-拉伸操控板。

[2]　设置切除-拉伸属性，在"从"中选择"草图基准面"，在"方向 1"终止条件中选择"给定深度"，在深度 中输入数值"5.00mm"，单击【拔模开/关】按钮 后，在拔模角度中输入数值"15.00 度"，如图 9-92 所示。

[3]　预览切除-拉伸带轮另一侧轮毂，如图 9-93 所示。

[4]　单击【确定】按钮 ，切除-拉伸带轮另一侧轮毂，如图 9-94 所示。

图 9-92 切除-拉伸
属性设置

图 9-93 预览切除-拉伸
带轮另一侧轮毂

图 9-94 切除-拉伸
带轮另一侧轮毂

✅ **带轮进行倒角**

[1] 单击特征工具栏上的【倒角】按钮 ⚙，出现倒角操控板。

[2] 设置倒角属性，在"倒角参数"下，在边线、面或顶点 ▣ 中选择"边线<1>"、"边线<2>"、"边线<3>"、"边线<4>"，选择"角度距离"，在距离 ⚙ 中输入"1.00mm"，在角度 ⬚ 中输入"45.00 度"，如 9-95 所示。

[3] 预览带轮倒角，如图 9-96 所示。

[4] 单击【确定】按钮 ✓，生成带轮倒角，如图 9-97 所示。

图 9-95 设置倒角属性

图 9-96 预览带轮倒角

图 9-97 生成带轮倒角

9.5 本章小结

本章介绍了几种典型机械零件设计过程，并归纳和总结了零件设计思路和设计方法。介绍了轴类零件、弹簧、齿轮和带轮的具体建模过程，通过这些零件三维建模设计可以进一步掌握实体特征建模工具操作的一些技巧。

在零件的建模过程中应注意视图方位调整、基准面的选择和变换，能够快速完成草图绘制、实体特征建模、特征实体的显示等操作。

9.6 思考与练习

1．思考题

（1）简述轴类零件、弹簧、齿轮和带轮设计思路和方法。

（2）轴类零件有哪些结构特点？轴类零件建模的主要步骤是什么？

（3）弹簧有哪些结构特点？弹簧建模的主要步骤是什么？

（4）齿轮有哪些结构特点？齿轮建模的主要步骤是什么？

（5）带轮有哪些结构特点？带轮建模的主要步骤是什么？

2．练习题

（1）减速器上盖如图 9-98 所示，建立减速器上盖模型。

（2）合叶零件如图 9-99 所示，建立合叶零件模型，生成合叶零件的不同配置。

图 9-98　减速器上盖

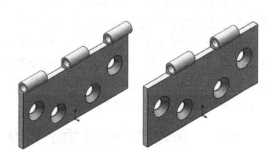

图 9-99　合叶零件

第10章 装配体和工程图设计

零部件通过装配过程生成装配体，利用装配体实例操作使读者对零部件完成装配操作和添加配合关系有更深入的理解和掌握。

在工程图设计方面，用户可以借助零件模型或装配体模型创建所需的标准视图和派生视图。创建工程图完成后，可以进行尺寸和注解标注，使工程图很好地表达零件或装配体的空间几何关系和装配技术要求。

10.1 齿轮泵的设计

齿轮泵是依靠泵缸与啮合齿轮间所形成的工作容积变化和移动来输送液体或使之增压的回转泵。由两个齿轮、泵体与前后盖组成两个封闭空间，当齿轮转动时，齿轮脱开侧的空间体积从小变大，形成真空，将液体吸入，齿轮啮合侧的空间体积从大变小，而将液体挤入管路中去。吸入腔与排出腔是靠两个齿轮的啮合线来隔开的。齿轮泵的排出口的压力完全取决于泵出处阻力的大小。

齿轮泵的种类较多。按啮合方式可以分为外啮合齿轮泵和内啮合齿轮泵；按轮齿的齿形可分为正齿轮泵、斜齿轮泵和人字齿轮泵等。

外啮合齿轮泵是应用最广泛的一种齿轮泵，一般齿轮泵通常是指外啮合齿轮泵，主要由主动齿轮、从动齿轮、泵体、泵盖和安全阀等组成。泵体、泵盖和齿轮构成的密封空间就是齿轮泵的工作室。两个齿轮的轮轴分别装在两泵盖上的轴承孔内，主动齿轮轴伸出泵体，由电动机带动旋转。外啮合齿轮泵结构简单、重量轻、造价低、工作可靠、应用范围广。

10.1.1 齿轮泵的设计思路和设计方法

SolidWorks 装配提供了自下而上设计和自上而下设计两种方法：自下而上设计方法是比较传统的方法，先进行零件实体建模，然后将之插入装配体，使用配合来定位零件；自上而下设计方法是零件的形状、大小及位置可在装配体中直接设计。

齿轮泵的设计采用自下而上设计方法，先进行齿轮泵的零件实体建模，在装配时按照一定的装配顺序和装配关系进行装配，开始装配体插入齿轮泵基座，接下来按照垫片、齿轮泵后盖、传动轴组件、支撑轴组件、齿轮泵前盖、压紧螺母、圆锥齿轮、垫圈、螺母、螺钉和销顺序逐一进行装配。

10.1.2 齿轮泵装配体的设计

齿轮泵装配体如图 10-1 所示，根据已经建立各零部件模型进行齿轮泵装配体设计。

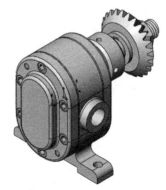

图 10-1 齿轮泵装配体

✓ 建立一个新的装配体文件

[1] 启动 SolidWorks 后，单击【新建】按钮 🗋。

[2] 在弹出的新建 SolidWorks 文件对话框中选择"装配体"复选框，单击【确定】按钮。

✓ 开始装配体插入齿轮泵基座

[1] 设置开始装配体属性，单击【浏览】按钮，打开一现有文件齿轮泵基座，如图 10-2 所示。

[2] 单击【确定】按钮 ✓，装配体绘图区中插入齿轮泵基座，如图 10-3 所示。

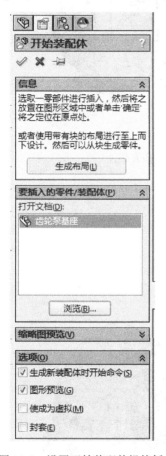

图 10-2 设置开始装配体操控板

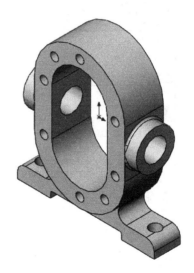

图 10-3 插入齿轮泵基座

✓ 装配两个垫片

[1] 单击装配体工具栏上的【插入零部件】按钮 🖳，出现插入零部件操控板，单击【浏览】按钮，打开一现有文件垫片，设置插入零部件操控板，如图 10-4 所示。

[2] 单击图形区域以放置零部件，在装配体中插入垫片，如图 10-5 所示。

[3] 单击装配体工具栏上的【配合】按钮 🖎，在 PropertyManager 中的配合选择下，为要配合的实体 🖳选择要配合在一起的实体，在标准配合下单击【同轴心】按钮，设置同轴心配合 PropertyManager，如图 10-6 所示，预览添加同轴心配合后的装配体如图 10-7 所示，单击【添加/完成配合】按钮 ✓。

图 10-4　设置插入零部件操控板

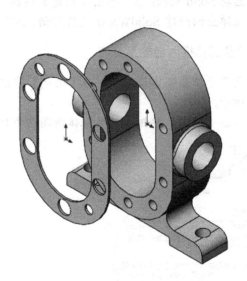

图 10-5　插入垫片

图 10-6　设置同轴心配合操控板

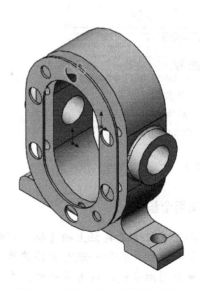

图 10-7　预览添加同轴心配合后的装配体

[4]　为要配合的实体📇选择要配合在一起的实体，在"标准配合"下单击【同轴心】按
　　钮，设置同轴心配合操控板，如图 10-8 所示，预览添加同轴心配合后的装配体，如
　　图 10-9 所示，单击【添加/完成配合】按钮✓。

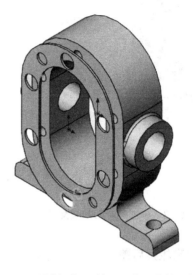

图 10-8　设置同轴心配合操控板　　　　　　图 10-9　预览添加同轴心配合后的装配体

[5]　为要配合的实体 选择要配合在一起的实体，在"标准配合"下单击重合按钮，设
　　　置重合配合操控板，如图 10-10 所示，预览添加重合配合后的装配体，如图 10-11
　　　所示，单击【添加/完成配合】按钮 。

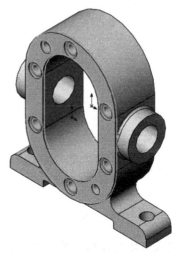

图 10-10　设置重合配合操控板　　　　　　图 10-11　预览添加重合配合后的装配体

[6] 单击【确定】按钮✅以关闭操控板，添加配合后的装配体如图 10-12 所示。

[7] 同样方法，装配另一个垫片后的装配体如图 10-13 所示。

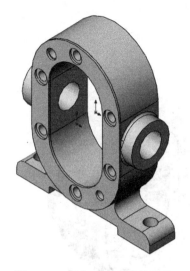
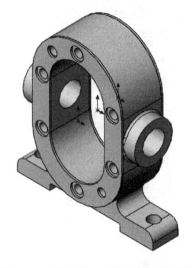

图 10-12　添加配合后的装配体　　　　　　　　图 10-13　装配另一个垫片后的装配体

🔘 装配齿轮泵后盖

[1] 单击装配体工具栏上的【插入零部件】按钮，出现插入零部件操控板，单击【浏览】按钮，打开一现有文件齿轮泵后盖，设置插入零部件操控板，如图 10-14 所示。

[2] 单击图形区域以放置零部件，在装配体中插入保持架，如图 10-15 所示。

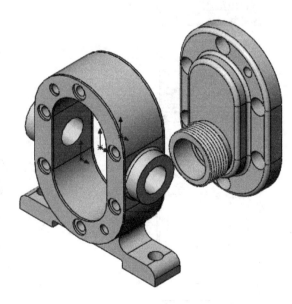

图 10-14　设置插入零部件操控板　　　　　　　　图 10-15　插入齿轮泵后盖

[3] 单击装配体工具栏上的【配合】按钮，在操控板中的配合选择下，为要配合的实体选择要配合在一起的实体表面，添加重合和同心配合关系。

[4] 单击【确定】按钮 以关闭操控板，添加齿轮泵后盖配合关系，如图 10-16 所示。

[5] 在装配体中装配齿轮泵后盖零件，如图 10-17 所示。

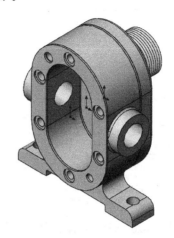

图 10-16 添加齿轮泵后盖配合关系　　　　　图 10-17 装配齿轮泵后盖零件

装配传动轴组件

[1] 单击装配体工具栏上的【插入零部件】按钮 ，出现插入零部件操控板，单击【浏览】按钮，打开一现有文件传动轴组件，设置插入零部件操控板，如图 10-18 所示。

[2] 单击图形区域以放置零部件，在装配体中插入传动轴组件，如图 10-19 所示。

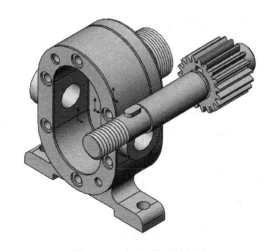

图 10-18 设置插入零部件操控板　　　　　图 10-19 插入传动轴组件

[3] 单击装配体工具栏上的【配合】按钮 ，在操控板中的"配合选择"下，为要配合的实体 选择要配合在一起的实体表面，添加重合和同心配合关系。

[4] 单击【确定】按钮 以关闭操控板，添加传动轴组件配合关系，如图 10-20

所示。

[5] 在装配体中装配传动轴组件，如图 10-21 所示。

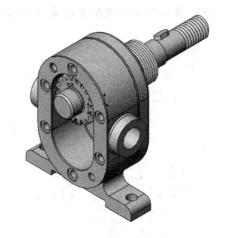

图 10-20　添加传动轴组件配合关系　　　　　图 10-21　装配传动轴组件

装配支撑轴组件

[6] 单击装配体工具栏上的【插入零部件】按钮，出现插入零部件操控板，单击【浏览】按钮，打开一现有文件支撑轴组件，设置插入零部件操控板，如图 10-22 所示。

[7] 单击图形区域以放置零部件，在装配体中插入支撑轴组件，如图 10-23 所示。

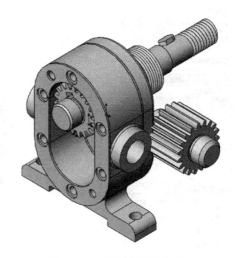

图 10-22　设置插入零部件操控板　　　　　　图 10-23　插入支撑轴组件

[8] 单击装配体工具栏上的【配合】按钮，在操控板中的"配合选择"下，为要配合的实体选择要配合在一起的实体表面，添加重合和同心配合关系。

[9] 单击【确定】按钮以关闭操控板，添加支撑轴组件配合关系，如图 10-24 所示。

[10] 在装配体中装配支撑轴组件，如图 10-25 所示。

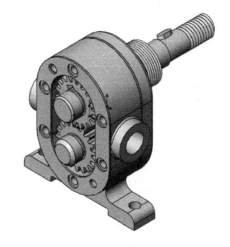

图 10-24　添加支撑轴组件配合关系　　　　　图 10-25　装配支撑轴组件

装配齿轮泵前盖

[11] 单击装配体工具栏上的【插入零部件】按钮，出现插入零部件操控板，单击【浏览】按钮，打开一现有文件齿轮泵前盖，设置插入零部件操控板，如图 10-26 所示。

[12] 单击图形区域以放置零部件，在装配体中插入齿轮泵前盖，如图 10-27 所示。

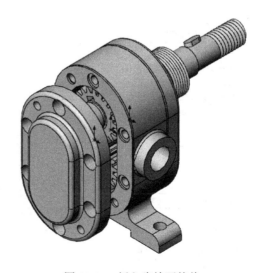

图 10-26　设置插入零部件操控板　　　　　图 10-27　插入齿轮泵前盖

[13] 单击装配体工具栏上的【配合】按钮，在操控板中的"配合选择"下，为要配合的实体选择要配合在一起的实体表面，添加重合和同心配合关系。

[14] 单击【确定】按钮以关闭操控板，添加齿轮泵前盖配合关系，如图 10-28

所示。

[15] 在装配体中装配齿轮泵前盖，如图 10-29 所示。

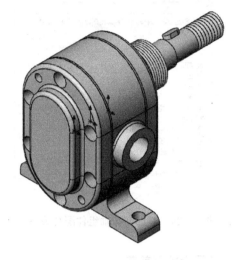

图 10-28　添加齿轮泵前盖配合关系　　　　　图 10-29　装配齿轮泵前盖

✓ **装配压紧螺母**

[1] 单击装配体工具栏上的【插入零部件】按钮📂，出现插入零部件操控板，单击【浏览】按钮，打开一现有文件压紧螺母，设置插入零部件操控板，如图 10-30 所示。

[2] 单击图形区域以放置零部件，在装配体中插入压紧螺母，如图 10-31 所示。

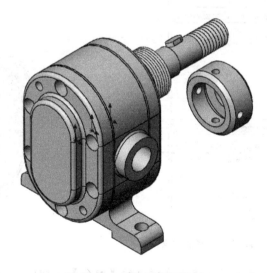

图 10-30　设置插入零部件操控板　　　　　图 10-31　插入压紧螺母

[1] 单击装配体工具栏上的【配合】按钮🔧，在操控板中的"配合选择"下，为要配合

的实体👆选择要配合在一起的实体表面，添加重合和同心配合关系。

[2] 单击【确定】按钮✔以关闭操控板，添加压紧螺母配合关系，如图 10-32 所示。

[3] 在装配体中装配齿轮泵前盖，如图 10-33 所示。

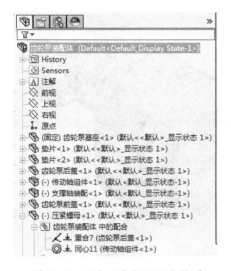

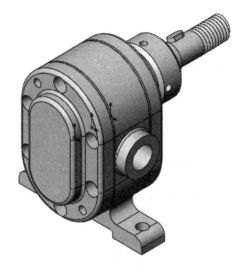

图 10-32　添加压紧螺母配合关系　　　　图 10-33　装配压紧螺母

装配圆锥齿轮

[1] 单击【装配体】工具栏上的【插入零部件】按钮，出现插入零部件操控板，单击【浏览】按钮打开一现有文件圆锥齿轮，设置插入零部件操控板，如图 10-34 所示。

[2] 单击图形区域以放置零部件，在装配体中插入圆锥齿轮，如图 10-35 所示。

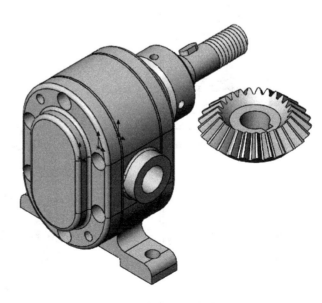

图 10-34　设置插入零部件操控板　　　　图 10-35　插入圆锥齿轮

[3] 单击装配体工具栏上的【配合】按钮，在操控板中的"配合选择"下，为要配合

的实体 选择要配合在一起的实体表面，添加重合和同心配合关系。

[4] 单击【确定】按钮 以关闭操控板，添加圆锥齿轮配合关系，如图 10-36 所示。

[5] 在装配体中装配圆锥齿轮，如图 10-37 所示。

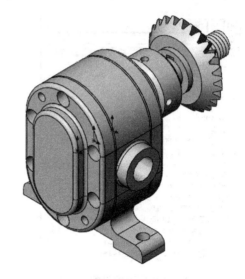

图 10-36　添加圆锥齿轮配合关系　　　　　　　图 10-37　装配圆锥齿轮

装配垫圈

[1] 单击装配体工具栏上的【插入零部件】按钮 ，出现插入零部件操控板，单击【浏览】按钮，打开一现有文件垫圈，设置插入零部件操控板，如图 10-38 所示。

[2] 单击图形区域以放置零部件，在装配体中插入垫圈，如图 10-39 所示。

图 10-38　设置插入零部件操控板　　　　　　　图 10-39　插入垫圈

[3] 单击装配体工具栏上的【配合】按钮 ，在操控板中的"配合选择"下，为要配合的实体 选择要配合在一起的实体表面，添加重合和同心配合关系。

[4] 单击【确定】按钮 以关闭操控板，添加垫圈配合关系，如图 10-40 所示。

[5] 在装配体中装配垫圈，如图 10-41 所示。

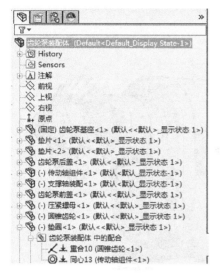

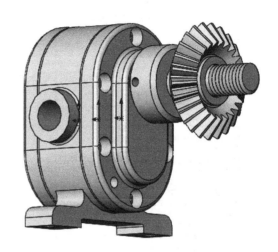

图 10-40　添加垫圈配合关系　　　　　图 10-41　装配体中装配垫圈

装配螺母

[1] 单击装配体工具栏上的【插入零部件】按钮 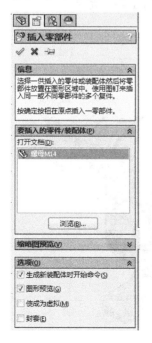，出现插入零部件操控板，单击【浏览】按钮，打开一现有文件螺母，设置插入零部件操控板，如图 10-42 所示。

[2] 单击图形区域以放置零部件，在装配体中插入螺母，如图 10-43 所示。

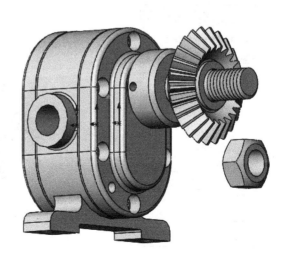

图 10-42　设置插入零部件操控板　　　　图 10-43　插入螺母

[3] 单击装配体工具栏上的【配合】按钮，在操控板中的"配合选择"下，为要配合的实体选择要配合在一起的实体表面，添加重合和同心配合关系。

[4] 单击【确定】按钮以关闭操控板，添加螺母配合关系，如图 10-44 所示。

[5] 在装配体中装配螺母，如图 10-45 所示。

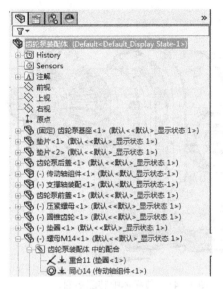

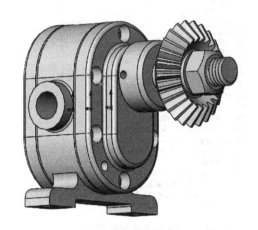

图 10-44 添加螺母配合关系　　　　　　　　　　　图 10-45　装配螺母

装配螺栓钉

[1] 单击装配体工具栏上的【插入零部件】按钮，出现插入零部件操控板，单击【浏览】按钮，打开一现有文件螺钉，设置插入零部件操控板，如图 10-46 所示。

[2] 单击图形区域以放置零部件，在装配体中插入螺钉，如图 10-47 所示。

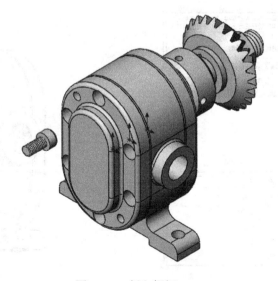

图 10-46 插入零部件操控板设置　　　　　　　　　图 10-47　插入螺钉

[3] 单击装配体工具栏上的【配合】按钮，在操控板中的"配合选择"下，为要配合的实体选择要配合在一起的实体表面，添加重合和同心配合关系。

[4] 单击【确定】按钮以关闭操控板，添加螺钉配合关系，如图10-48所示。

[5] 在装配体中装配螺钉，如图10-49所示。

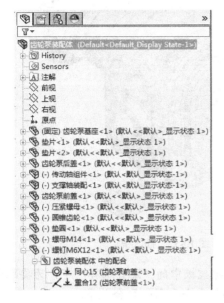

图 10-48　添加螺钉配合关系

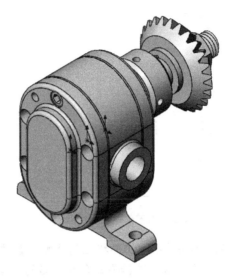

图 10-49　装配螺钉

[6] 用同样方法在装配体中装配其他螺钉，如图10-50所示。

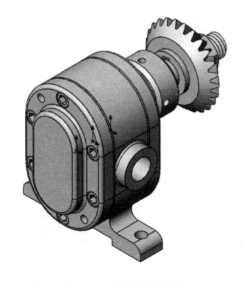

图 10-50　装配其他螺钉

装配销

[1] 单击装配体工具栏上的【插入零部件】按钮，出现插入零部件操控板，单击【浏览】按钮，打开一现有文件销，设置插入零部件操控板，如图10-51所示。

[2] 单击图形区域以放置零部件，在装配体中插入销，如图10-52所示。

图 10-51　设置插入零部件操控板　　　　　　　图 10-52　插入销

[3]　单击装配体工具栏上的【配合】按钮 ，在操控板中的"配合选择"下，为要配合的实体 🔩 选择要配合在一起的实体表面，添加重合和同心配合关系。

[4]　单击【确定】按钮 ✅ 以关闭操控板，添加销配合关系，如图 10-53 所示。

[5]　在装配体中装配销，如图 10-54 所示。

图 10-53　添加销配合关系　　　　　　　图 10-54　装配销

[6]　用同样方法在装配体中装配其他销，如图 10-55 所示。

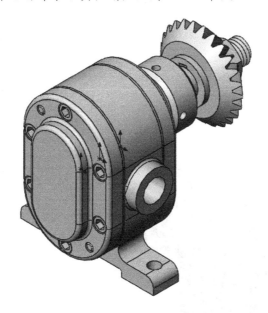

图 10-55　装配其他销

10.1.3　生成和编辑齿轮泵爆炸视图

由齿轮泵装配体生成爆炸视图和编辑爆炸视图的操作步骤如下。

[1]　打开齿轮泵装配体，如图 10-56 所示。

[2]　单击装配体工具栏上的【爆炸视图】按钮，爆炸视图操控板出现。

[3]　选取销和螺钉，在操控板中，零部件出现在【爆炸步骤的零部件】中。旋转及平移控标将出现图形区域中，如图 10-57 所示。

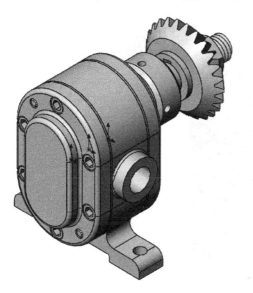

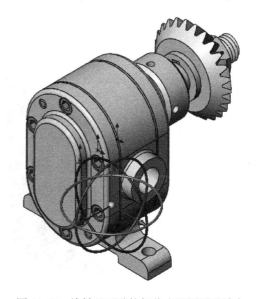

图 10-56　齿轮泵装配体　　　　　　图 10-57　旋转及平移控标将出现图形区域中

[4]　拖动平移或旋转控标以移动选定销和螺钉零件，如图 10-58 所示。爆炸步骤出现在

爆炸步骤下，设置爆炸视图操控板，如图 10-59 所示。

图 10-58　拖动平移或旋转控标以移动选定销和螺钉零件　　　图 10-59　设置爆炸视图
操控板

[5]　同样，生成齿轮泵前盖爆炸视图，如图 10-60 所示。

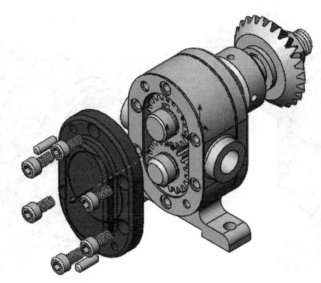

图 10-60　生成齿轮泵前盖爆炸视图

[6]　同样，生成其他零部件爆炸视图，并编辑齿轮泵爆炸视图。齿轮泵装配体爆炸视图

如图 10-61 所示。

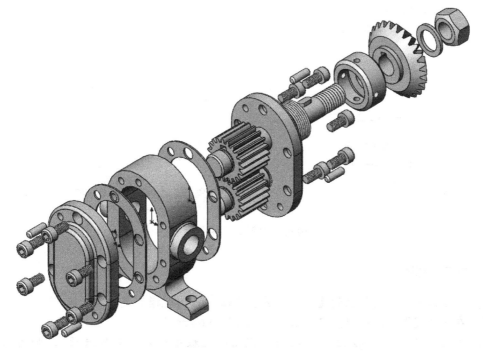

图 10-61 齿轮泵装配体爆炸视图

10.2 齿轮泵的工程图设计

工程图包括装配图和零件图。装配图表达机器（部件）的图样，它是表示机器及其组成部分的连接、装配关系的图样。

在产品制造中装配图是用来制定装配工艺规程、进行装配和检验的技术依据；在使用或维修设备时，也需要通过装配图来了解它们的构造和性能。因此，装配图与零件图一样，是生产中的重要技术文件。

齿轮泵的工程图设计过程。

✅ 打开齿轮泵装配体文件

[1] 单击【文件】/【打开】，在打开对话框选择【齿轮泵装配体】。

[2] 打开【齿轮泵装配体】，如图 10-62 所示。

✅ 生成工程图文件

[1] 单击标准工具栏上的【新建】按钮 🗋。

图 10-62 齿轮泵装配体

[2] 在新建 SolidWorks 文件对话框中选择工程图 🖼，然后单击【确定】按钮。

✅ 选择图纸格式

在图纸格式/大小对话框中选择 "A3"，如图 10-63 所示，单击【确定】按钮。

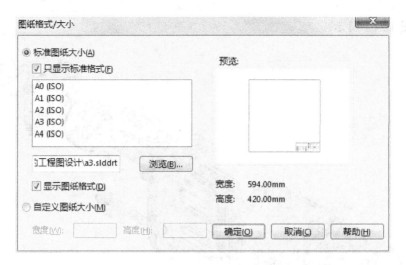

图 10-63　设置图纸格式/大小

生成工程视图

[1]　单击工程图工具栏上的【模型视图】按钮，出现模型视图控制板。

[2]　在模型视图操控板中设定"选项"，如图 10-64 所示。

[3]　单击【下一步】按钮。在模型视图操控板中设定"额外选项"，如图 10-65 所示。

图 10-64　设定"选项"

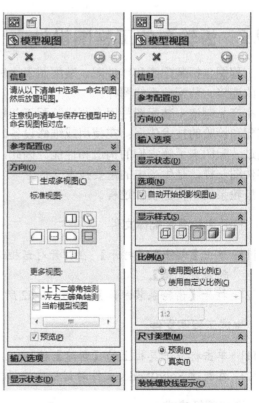

图 10-65　设定"额外选项"

[4]　单击【确定】按钮，生成齿轮泵装配体视图，如图 10-66 所示。

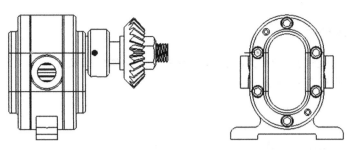

图 10-66　齿轮泵装配体视图

✓ 添加零件序号

[1]　单击注解工具栏上的【自动零件序号】按钮 ⟨⟩，出现自动零件序号控制板。

[2]　设置自动零件序号控制板，如图 10-67 所示。

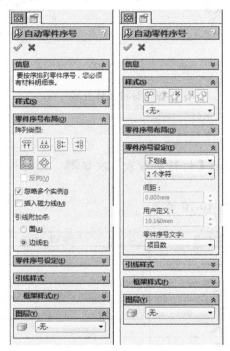

图 10-67　设置自动零件序号控制板

[3]　单击【确定】按钮 ✓，视图中添加零部件添加序号，如图 10-68 所示。

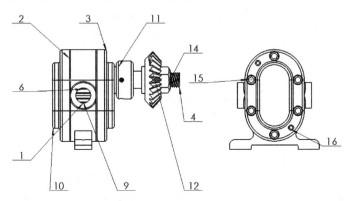

图 10-68　视图中添加零部件添加序号

标注整体外形尺寸

[1] 单击【智能尺寸】按钮❤️，在工程图中标注整体外形尺寸。

[2] 标注整体外形尺寸如图 10-69 所示。

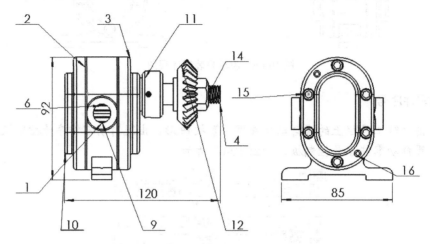

图 10-69　标注整体外形尺寸

✅ 建立材料明细表

[1] 单击表格工具栏上的【材料明细表】按钮🖼️，在材料明细表操控板中设定"属性"。

[2] 生成材料明细表如图 10-70 所示。

项目号	零件号	说明	数量
1	齿轮泵基座		1
2	垫片		2
3	齿轮泵后盖		1
4	传动轴组件		1
5	支撑轴装配		1
6	齿轮泵前盖		1
7	压紧螺母		1
8	圆锥齿轮		1
9	垫圈		1
10	螺母M14		1
11	螺钉M6X12		12
12	销		4

图 10-70　生成材料明细表

10.3　本章小结

本章结合具体实例介绍了装配体和工程图设计方法和设计过程。在装配体设计操作中，主要介绍了如何将零部件插入装配体中、添加各种装配关系、调整装配体的显示和生成爆炸视图等相关知识。希望通过本章的学习，使读者轻松掌握 SolidWorks 2014 的装配体设计操作过程。在工程图设计操作中，主要介绍了创建工程图、尺寸标注和注解标注操作过程。

10.4 思考与练习

1．思考题

（1）怎样将零部件插入装配体中？如何添加各种装配关系？

（2）如何实现零部件的移动和旋转？

（3）怎样生成爆炸视图？

（4）工程图中主要包括哪些内容项目？

（5）简要介绍创建工程视图操作过程。

2．练习题

（1）减速器装配体，如图 10-71 所示，根据已经建立各零部件模型进行减速器装配体设计，并由减速器装配体生成爆炸视图。

（2）合叶装配体和工程图，如图 10-72 所示，根据已经建立合叶装配体开始工程图设计，并完成尺寸标注和注解标注操作。

图 10-71　减速器装配体

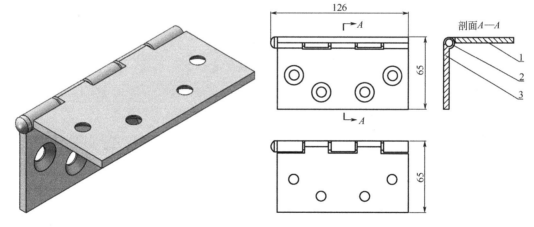

图 10-72　合叶装配体和工程图